U0462695

聚焦三农：农业与农村经济发展系列研究（典藏版）

本书的研究得到了国家自然科学基金项目（70873047）和华中农业大学经济管理－土地管理学院专著出版基金的支持

油菜种子价值研究

——基于长江中游油菜主产区的实证分析

李艳军　著

科　学　出　版　社

北　京

内 容 简 介

本书在研究所立足的主要理论基础和采用的研究方法进行梳理和分析的基础上，对种子市场供需和种子商品价值的特点进行了描述；以湖北省油菜主产区 600 余农户的调查资料为依据，对影响农户油菜种子价值判断的主要因素以及这些要素的效用在总价值中的比例进行分析；采用条件价值法分析农户对"质量高"的油菜种子的支付意愿和支付金额；从种子企业、种子产业和政府的角度就如何提升价值创造能力与核心竞争力，推动我国种子产业健康有序发展给出了相关建议。

本书可供从事农业经济和农村市场教学与研究的高等院校师生、研究机构人员，以及在相关政府部门和企业从事管理和经营工作的人员参考。

图书在版编目（CIP）数据

油菜种子价值研究：基于长江中游油菜主产区的实证分析／李艳军著.
—北京：科学出版社，2010（2017.3 重印）
（聚焦三农：农业与农村经济发展系列研究：典藏版）
ISBN 978-7-03-027464-9

Ⅰ.①油… Ⅱ.①李… Ⅲ.①油菜－油料作物－种子－价值－研究－中国 Ⅳ.①F326.12

中国版本图书馆 CIP 数据核字（2010）第 081566 号

责任编辑：林 剑／责任校对：刘小梅
责任印制：钱玉芬／封面设计：王 浩

科 学 出 版 社 出版
北京东黄城根北街 16 号
邮政编码：100717
http://www.sciencep.com

北京京华虎彩印刷有限公司 印刷
科学出版社发行 各地新华书店经销
＊
2010 年 5 月第 一 版 开本：B5（720×1000）
2010 年 5 月第一次印刷 印张：11 7/8
2017 年 3 月印 刷 字数：224 000
定价：**69.00 元**
（如有印装质量问题，我社负责调换）

总　序

农业是国民经济中最重要的产业部门，其经济管理问题错综复杂。农业经济管理学科肩负着研究农业经济管理发展规律并寻求解决方略的责任和使命，在众多的学科中具有相对独立而特殊的作用和地位。

华中农业大学农业经济管理学科是国家重点学科，挂靠在华中农业大学经济管理学院和土地管理学院。长期以来，学科点坚持以学科建设为龙头，以人才培养为根本，以科学研究和服务于农业经济发展为己任，紧紧围绕农民、农业和农村发展中出现的重点、热点和难点问题开展理论与实践研究，21 世纪以来，先后承担完成国家自然科学基金项目 23 项，国家哲学社会科学基金项目 23 项，产出了一大批优秀的研究成果，获得省部级以上优秀科研成果奖励 35 项，丰富了我国农业经济理论，并为农业和农村经济发展作出了贡献。

近年来，学科点加大了资源整合力度，进一步凝练了学科方向，集中围绕 "农业经济理论与政策"、"农产品贸易与营销"、"土地资源与经济" 和 "农业产业与农村发展" 等研究领域开展了系统和深入的研究，尤其是将农业经济理论与农民、农业和农村实际紧密联系，开展跨学科交叉研究。依托挂靠在经济管理学院和土地管理学院的国家现代农业柑橘产业技术体系产业经济功能研究室、国家现代农业油菜产业技术体系产业经济功能研究室、国家现代农业大宗蔬菜产业技术体系产业经济功能研究室和国家现代农业食用菌产业技术体系产业经济功能研究室等四个国家现代农业产业技术体系产业经济功能研究室，形成了较为稳定的产业经济研究团队和研究特色。

为了更好地总结和展示我们在农业经济管理领域的研究成果，出版了这套农业经济管理国家重点学科《农业与农村经济发展系列研究》丛书。丛书当中既包含宏观经济政策分析的研究，也包含产业、企业、市场和区域等微观层面的研究。其中，一部分是国家自然科学基金和国家哲学社会科学基金项目的结题成果，一部分是区域经济或产业经济发展的研究报告，还有一部分是青年学者的理论探索，每一本著作都倾注了作者的心血。

本丛书的出版，一是希望能为本学科的发展奉献一份绵薄之力；二是希望求教于农业经济管理学科同行，以使本学科的研究更加规范；三是对作者辛勤工作的肯定，同时也是对关心和支持本学科发展的各级领导和同行的感谢。

李崇光

2010 年 4 月

前　言

　　2002 年夏秋之交，湖北省种子市场出现了一个有趣的现象，在油菜种子零售价一般为每斤①15 元左右，而且人们普遍认为农户不可能接受高价位大田作物种子的情况下，由某种业公司推出的每斤零售价高达 40 元的油菜新品种种子却在部分区域得到农户的高度认同，被竞相购买。是什么原因使一些农户在众多可替代产品中选择价格远高于其他同类产品的这一油菜新品种种子呢？这一现象引起了一直关注农作物新品种推广的笔者的兴趣。

　　深入调查发现，农户之所以愿意以高价购买这一油菜新品种，主要原因在于他们认为这一新品种增产潜力大，能为他们带来更多的收入。看来，面对众多的替代产品，农户到底选择哪一种，主要取决于这些产品能为农户带来多大的价值，这似乎印证了迈克尔·波特的观点——在市场竞争环境下"竞争优势归根结底产生于企业为顾客所能创造的价值"。沿着这一思路，笔者进行了更为广泛的调研，进一步发现，无论是通过政府农业技术部门的推广还是市场的销售，农户对新品种的接受程度和速度都与农户对种子的价值判断紧密相关。

　　当前，我国种子企业面临着极为严峻的竞争形势。随着我国加入 WTO 后过渡期的结束和国内种子市场的进一步开放，世界种业巨头纷至沓来，纷纷在中国抢滩夺地。目前，外资企业已控制了中国蔬菜、花卉种业的 50% 以上，且加快了向水稻、玉米、棉花等大田作物种子市场渗透的速度，对我国农业和食品安全构成极大威胁。如何提升我国种子企业核心竞争力以应对跨国种业巨头的挑战，已成为关乎农业发展和国家食品安全的重大课题。

　　市场经济条件下，企业的核心竞争力主要来源于为顾客创造价值的能力，而有效提高价值创造能力的前提是准确把握产品价值构成和价值要素。种子价值研究的视角是多维的，但在竞争激烈的买方市场环境下，从顾客（农户）角度分析种子价值无疑是种子价值研究的主要视角之一。那么，基于顾客（农户）角度的种子价值到底由哪些要素构成？这些要素在种子价值中的比例分别是多少？当种子质量进一步提高时，顾客（农户）是否愿意为获得这些高质量的种子多

---

　　①　1 斤 = 500 克

支付以及支付的空间有多大，即种子价值的提升空间有多大？本书力图对这些问题进行一些探索性研究，以期为我国种子产业及种子企业提升价值创造能力提供有益的借鉴。

从 20 世纪 90 年代开始，笔者就一直关注农业技术推广和种子市场管理及价格形成中出现的种种有趣的问题，并围绕这些问题展开了大量调查和初步研究，产生了一批阶段性成果。先后在《中国农村经济》、《农业技术经济》等杂志上发表一批有关种子市场和农业技术推广的学术论文和研究报告，其中，一些观点为政府主管部门和领导所重视并在制定种业发展政策时所采纳。2008 年本选题的研究获得了国家自然科学基金委管理科学部的立项支持，本书正是国家自然科学基金项目（编号：70873047）的阶段性研究成果。

全书共八章。其中，第一、二章，为理论和方法研究部分。对研究所立足的主要理论基础和采用的研究方法进行了梳理和分析，并在上述理论分析基础上，对种子市场供需和种子商品价值的特点进行了描述。第三、四、五、六、七章，为实证研究部分。主要以长江中游地区油菜主产区 600 余农户的调查资料为依据，对影响农户油菜种子价值判断的主要因素以及这些要素的效用在总价值中的比例进行分析，采用条件价值法获取样本农户对"质量高"的油菜种子的支付意愿和支付金额。第八章是结论与总结，对全书研究的主要结论进行了总结，并从种子企业、种子产业和政府的角度就如何提升价值创造能力与核心竞争力，推动我国种子产业健康有序发展给出了相关建议。

本书的研究和写作过程中，得到了我的导师李崇光教授的悉心指导和鼓励。我的研究生康国光、韩军辉、赵凯、黄荣、吴勇、任克双、陈晓波、张丽娟、俞燕、杨波、赵军、汪泽涵、周斌、孙丽、游振华、李万君、冯思思、李颖、王菊、张春锋、牟艳荣和王海军等完成了大量的资料收集、数据整理和分析工作。武汉联农种业科技有限责任公司杨光圣董事长、谷城圣光种业有限责任公司邹立成经理、湖北省农牧业厅油菜中心段志红主任和湖北省种子管理站祝师元先生等为资料的收集和问卷调查提供了最大的便利。同时，在研究和写作中，参阅了许多国内外研究文献，从那里得到很多启示。在此，对所有在本书的研究和写作中给予我帮助的人致以诚挚的谢意！

最后需要指出的是，由于作者能力和水平有限，书中错误在所难免，恳请各位专家学者和读者不吝赐教。

李艳军

2010 年 3 月

目　录

绪　　论

0.1　研究背景与研究意义

0.1.1　选题背景

种子是不可替代的最基本的农业生产资料，种子产业是关系到国家食品安全的基础产业。20 世纪中叶以来，伴随着经济全球化趋势的加强和我国对外开放程度的提高，中国种子产业发展面临的环境发生了深刻变化，种子企业如何提高顾客价值创造能力以增强核心竞争力，成为亟待研究和解决的重大问题。

0.1.1.1　世界种子市场规模不断扩大，种子产业成为新的投资热点

随着生物技术尤其是转基因技术的发展及其在育种中的运用，一大批优良农作物品种被选育出来并在生产中显现出巨大的作用，这一现象改变了农业生产者对种子的认识和用种习惯，他们逐步由自留种子转为购买商品种子，世界种子市场加速膨胀。2008 年，国际种子联盟（International Seed Federation，ISF）评估世界种子市场为 360 多亿美元。种子市场的快速增长尤以发展中国家为甚。以中国为例，中国国内种子市场年均增长 7.5%。据中国农业部的统计，中国农作物种子常年用量约为 125 亿千克，随着中国农业的发展和种子商业价值的提升，其种业潜在市场价值将继续增长。农业部种植业司副司长马淑萍在出席"2008 中国国际种业高峰论坛"时表示，中国种业潜在市场规模将达到 900 亿元左右，伴随着种业的发展，中国将取代美国成为世界上最大的种子市场。种业的特殊战略地位和巨大发展潜力既促使世界各国政府把种子产业放在突出的位置，以种子产业的发展推动农业的发展，也吸引大量社会资金进入其中，使其成为新的投资热点。20 世纪下半叶开始，各大跨国公司纷纷调整战略，进军种子产业，并且凭借其强大的资金实力进行兼并和联合，迅速在种子产业中成长为实力强大的集团企业。例如，美国化工巨头杜邦公司从化工行业涉足种子行业，并且在种子行业中进行扩展，1999 年兼并了世界最大的玉米种子公司——先锋种子公司，成立了杜邦先锋种业；作为当今世界上最大的转基因作物公司之一的孟山都公司，在

其发展过程中也不断的进行兼并和联合，1997 年收购了 Asgrow 公司的经济类作物种子业务，1998 年收购了 DeKalb 和 Cargill 公司的国际种子业务等（Jorge Fernandez-Cornejo，2004）。

0.1.1.2　种业市场国际垄断竞争格局已经形成，发达国家跨国种业巨头抢占先机

伴随着世界种子市场的发展，实力雄厚的种子企业开始走出国门，拓展海外市场，拉开了种业国际竞争和垄断的序幕。例如，美国孟山都（Monsanto）种子公司通过购买了 DeKalb 和 Cargill 公司的种子业务，开始在印度从事种子业务，1996 年开始在中国种业市场进行扩张；先锋－杜邦公司（Pioneer/DuPont）购买了印度的 SPIC 公司的部分股份，进入印度种子市场（V. R. Gadwal，2003），而且通过联合的方式进入中国市场，目前先锋公司拥有登海种业和敦煌种业的 49% 的股份。发达国家种业巨头的海外扩张促进了种子世界贸易的发展，也加速了世界种业市场集中化进程，给发展中国家种业发展形成巨大压力。1970～2006 年，尤其是 20 世纪 90 年代以来，世界种子贸易额呈现不断增长的趋势（图 0-1）。2007 年继续延续这一态势，世界种子总进口额和出口额分别为 62.38 亿美元和 63.98 亿美元。在种子世界贸易发展和国际竞争格局形成中，发达国家及其种业巨头凭借技术、人才和资金优势抢占先机。2007 年全球五大种子出口国全部为发达国家，其出口额占总出口额的 59.44%，其中，荷兰出口额为 10.4 亿美元，占总出口额的 16.26%，美国和法国分别为 10.19 亿美元和 9.14 亿美元，分别占总出口额的 15.93% 和 14.29%。1985～2006 年世界种业前 10 强市场集中速度不断增加，1985～1996 年年均增 0.9%。1996～2006 年年均增 1.9%。2007 年，世界十大种子公司销售额为 147.85 亿美元，占全球种子市场的 67%，其中，孟山都、杜邦和先正达三家种子公司的销售额占全球种子市场的 47%。

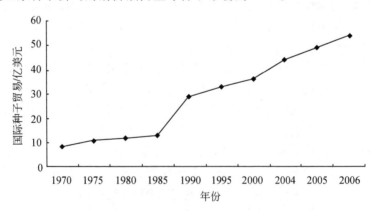

图 0-1　1970～2006 年国际种子贸易情况表

资料来源：http://www.worldseed.org

0.1.1.3 中国种子市场多元化竞争格局初步形成，但竞争力亟待提升

2000 年《种子法》正式颁布实施后，破除了主要农作物种子垄断专营体制，放开了种子市场，多种所有制形式的种子企业纷纷出现，国有种子公司一统天下的局面被打破，多元化市场竞争态势开始形成且愈演愈烈。截至 2006 年 8 月，全国注册资金 3000 万元以上的种子企业 97 家，注册资金 500 万元以上的种子企业 8500 多家（其中，国有种子公司 2000 多家，民营种子公司 6400 多家），委托代销公司在 16 万家以上（佟屏亚，2007）。但不容忽视的是，我国种子产业整体竞争力十分低下，面对纷至沓来的国际种业巨头，应对乏力，突出表现在整体规模和创新能力上与国际先进水平相比相距甚远。包括先正达、拜尔、孟山都、杜邦、巴斯夫、道化工等在内的世界十大种业公司的市场份额占全球三分之二，而作为全球第二大种子市场的中国市场，却未能培育出大型种业主体（蔡银莺，2007）。我国平均单个种子企业年销售额 450 万元，增值额 100 多万元；年销售收入超过 2000 万元的不到 100 家，超过 5 亿元的仅 4 家，没有一家种子公司的市场份额达到 10%，没有一家种子公司净资产超过 10 亿元或年种子销售收入超过 10 亿元。我国 9000 多家种子公司和 10 万家种子经销商的总资产规模和总经营额尚不及美国的一个孟山都公司（黄钢等，2007）。国外农业企业特别是跨国农业企业的科研投入一般占到销售额的 10%～15%，例如，孟山都公司 2005 年科研投入经费占当期销售额的 13.57%（黄钢等，2007）。而我国拥有研发创新能力的种子企业比例还不到总数的 1.5%，多数企业的科研投入仅占销售收入的 2%～3%（周骅，2010）。我国种业的这一现状如不能及时扭转，则不仅不能在国际市场上占有一席之地，恐怕国内市场也有可能丧失殆尽。据不完全统计，目前在中国注册的外资种子企业已有 70 余家，跨国种业公司已经基本上完成了在中国的种业布阵。目前，外资企业已控制了我国蔬菜、花卉种业市场的 50%，而且加快向粮食作物种业市场的渗透。例如，外资企业已在我国审定的玉米品种有 84 个，其中，一些品种影响很大，推广迅速（李阳生等，2010）。长此以往，一旦我国的种子产业为国外种业巨头所控制，我国的农业安全将受到严重的威胁。

面对日益激烈的国际国内竞争环境，我国种子企业如何提升竞争力，这不仅是种子生产经营者必须考虑的问题，更是关系到我国农业和食品安全的重大课题。

实践证明，企业的竞争优势主要来源于比竞争对手更出色的创造价值满足客户需求的能力。我国种子产业要想与国外种子产业相抗衡，种子企业要在激烈的市场竞争中立于不败之地，就必须高度重视价值创造能力的提升。而有效提高价值创造能力和核心竞争力的前提是准确把握种子价值构成和价值要素。那么，对

农户而言，构成种子价值的要素到底是什么？这些价值要素对种子总价值的贡献到底有多大？对这些问题的回答成为种子产业及种子企业提升价值创造能力实践活动的必备理论前提。

本书立足于世界和中国种子产业发展的新态势和新环境，以劳动价值论、效用价值理论和顾客价值理论为依据，运用联合分析法、条件价值法和特征价格法对油菜种子价值组成进行分析，探究农户在购种过程中最为关注的要素以及这些要素在种子总价值中所占的比例，预测油菜种子价值的提升空间，力图为种子企业适应市场变化，根据农户需要制定和实施科学的价值创造活动，提升企业和品牌竞争力提供有益指导。

0.1.2　研究目的和意义

尽管商品的价值问题是经济学研究中不变的重要主题，并产生了劳动价值论、效用价值论以及特征价值理论等，而且20世纪90年代以来，营销学也开始关注价值问题并形成了顾客价值理论，但无论是经济学的产品价值理论还是营销学的顾客价值理论，对基于顾客角度的商品价值要素及其构成比例的系统研究都比较缺乏而且没有形成较为一致的观点，更没有针对种子产业进行实证研究。因此，本书的研究对于处在新的发展背景下的我国种子产业和种子企业均具有十分重要的意义。

本书的现实意义体现在：

1）对种子企业提升顾客价值创造能力、增强市场竞争力具有直接指导作用。本书就农户对种子价值各要素重要性与满意度评价的分析以及对影响农户种子价值判断因素的探究，为种子生产经营主体针对农户需求合理设计产品、提供服务和进行科学的营销组合提供了依据。

2）对种子产业链合理配置资源，协调各环节利益关系，增强产业链协同优势和国际竞争力具有一定指导意义。本书对油菜种子各价值要素效用大小及在总价值中所占比例的研究，为产业链上各个环节的协作与利益分配提供参考依据，有助于种子产业链确定战略环节，寻求增强价值创造能力的突破口；就农户对更好油菜种子支付意愿和支付数额的分析为种子产业预测价值提升空间、进行价值提升和拓展提供决策依据。

3）对政府相关部门制定种子产业发展政策及其他相关政策具有借鉴意义。本书对油菜种子价值构成及价值提升空间的研究，为政府部门制定相应政策引导种子产业资源合理配置和利益合理分配，促进种子产业健康协调发展有一定启示；就农户对种子市场供给中各因素的重要性和满意度评价的研究可为政府部门把握我国种子市场供给和技术服务中存在的主要问题，全面了解农户需求并制定相应政策引导种子企业和其他组织更好地满足农业生产需要，促进农业生产发展，提高我国农业国际竞争力有一定的借鉴作用。

本书的理论价值体现在：

1）从效用价值理论和顾客价值理论相结合的角度分析油菜种子价值要素，并通过消费者偏好分析中的联合分析法对总价值进行分解，测量各个价值要素的重要性，探测油菜种子价值的构成比例，一定程度上弥补了价值理论研究中基于客户角度价值要素研究的不足，从某种意义上丰富了顾客价值理论。

2）将效用价值理论、顾客价值理论与方法引入油菜种子价值实证分析中，对建立种子商品价值理论分析模式和框架具有一定开拓性。对于拓展种子商品价值研究理论深度，增强种子产业研究的规范性有一定引导作用。

通过研究，期望达到以下目的：

1）在分析农户购种行为影响因素的基础上，探测影响农户油菜种子价值判断的主要因素并提炼出基于农户角度的油菜种子价值要素，为种子企业提升价值创造能力提供科学依据。

2）采用联合分析法探析农户对油菜种子价值要素的效用评价，由此揭示出基于农户角度的油菜种子价值构成及其比例，为评价种子产业链各个环节和成员的贡献率、构建合理利益分配机制、提升我国种子产业链价值创造能力提供参考。

3）采用条件价值评估法测量农户对更好油菜种子的支付意愿和支付金额，以此预测种子产业价值提升空间和发展前景。

0.2 相关概念界定

1）种子。按照 2000 年颁布实施的《中华人民共和国种子法》中的规定，种子是指"农作物和林木的种植材料或者繁殖材料，包括籽粒果实和根、茎、苗、芽、叶等"。本书采用这一定义。

2）油菜种子。结合种子的定义和有关专家对油菜籽的解释，本书将油菜种子定义为："油菜的繁殖器官，富含油脂和蛋白质。"

3）种子价值。目前对种子价值概念的讨论较少，但对价值概念的讨论则比比皆是。价值一词的最初含义指物品的使用价值或效用。在日常生活中，人们也经常在使用价值的意义上运用价值这一概念（高智晟，2005）。例如，《辞海》给价值所下的定义就是"事物的用途或积极作用"。价值是经济学领域中的一个核心概念，劳动价值论、效用价值论等从不同角度讨论了产品的价值问题。劳动价值论认为价值是凝结在商品中的无差别的人类劳动，它表现为使用价值和交换价值两个方面。使用价值指物品的有用性，即满足个人需要的价值；交换价值是物品能够用来交换其他物品的价值。马克思认为：“交换价值首先表现为一种使用价值同另一种使用价值相交换的量的关系或比例。”当货币产生后，交换价值便取得价格这种形式。效用价值论则认为价值是人对物品能满足自身欲望的主观估计。效用是价值的源泉，稀缺性是价值的条件（冯尚友，2002；姜文来，1998）。效用价值理论集大成者阿弗里德·马歇尔认为，价值是由“生产费用”和“边际效用”两个原理共同构成的，二者缺一不可。营销学从顾客角度讨论产品和服务价值，尽管不同学者对顾客价值的定义不同，但都认为顾客价值的重要内容是产品和服务给顾客带来的利益，而且强调顾客价值来源于顾客对产品属性的主观感知和评价。

从现有文献看，对种子价值进行系统界定的并不多见。冯培煜等（2006）指出商品种子有价值和使用价值，价值是生产种子的社会平均必要劳动量，使用价值维持农业的存在和再生产，在现代农业中，使用价值表现为再生产增力。

借鉴以上关于价值的定义，本书将种子价值定义为“某一品牌的种子给农户带来的整体利益或农户感知的种子整体产品的效用，具体表现为种子所具有的能够有效提高农作物种植收成和收入的效用。价格是种子价值的表现形式”。

4）种子价值要素。经济学和营销学都认为产品的价值是由不同的部分或价值要素构成的。马克思的劳动价值论认为产品的价值由不变资本、可变资本和剩余价值构成；特征价值理论认为商品的价值由商品内在一系列特征（characteristic）与属性（attribute）的价值所决定；营销学认为顾客对产品的需求是多层次的，因此顾客价值的构成要素也是多方面的，比较有代表性的是 Kotler 的观点，他认为形象价值、人员价值、服务价值和产品价值是构成顾客总价值的主要因素。本书将种子价值要素定义为“构成单位种子总价值的主要元素或对种子价值增长有贡献的因素”。考虑到农作物种子属于生产资料，农户对其需求主要集中于功能性层面，因此，本书认为种子价值要素主要包括种子内在的属性以及影响种子基本功能发挥的相关营销变量。

5）种子价值构成。各种子价值要素的效用在单位种子总价值中所占的比例或对单位种子总价值的贡献份额。

0.3 研究思路与本书框架

0.3.1 研究思路

本书的基本思路是，在对相关价值理论和价值测量方法进行梳理和分析的前提下，对种子价值及价值要素、价值构成进行界定；然后以长江中游油菜主产区油菜种植农户为实证分析对象，采用因子分析法和结构方程模型提炼出影响农户对油菜种子价值判断的主要因素；运用联合分析法测量油菜种子的价值构成；引入条件价值评估法估计油菜种子价值提升空间；在对油菜种子价值构成、价值提升及其影响因素进行分析的基础上，探讨提升种子价值和增强种子产业竞争力的对策。

0.3.2　本书框架

在叙述研究背景、研究意义、研究目的、研究方法及本书结构基础上，共分8章对问题进行探讨。

第1、2章，为理论研究。其中，第1章重点介绍研究的理论基础，包括劳动价值论、效用价值理论、价值链理论和顾客价值理论；第2章介绍本书借用的研究分析方法，包括特征价值法、联合分析法、条件价值评估法等。

第3~7章，为实证研究。其中，第3章基于湖北、安徽、湖南等长江中游省份种子市场现状分析了种子商品市场的供求特点及商品种子的价值特点；第4章以湖北省江汉平原松滋、监利和江陵三县的油菜种子市场和油菜种植农户为研究对象区域，分析农户对目前市场上供应的种子质量、种子销售、种子供应者的技术服务、信息服务等因素的重视程度和满意度，从整体上把握种子供应与需求的差异；第5章同样以湖北省江汉平原松滋、监利和江陵三县的油菜种子市场和油菜种植农户为研究对象区域，通过对样本资料分析，提炼出影响农户对油菜种子价值判断的主要因素；第6章以湖北省荆门、荆州和潜江三市的油菜种子市场和油菜种植农户为研究对象，通过对样本资料的分析，测量油菜种子各个价值要素的效用及在总价值中的比例，探测油菜种子价值构成模型；第7章同样以湖北省荆门、荆州和潜江三市的油菜种子市场和油菜种植农户为研究对象，采用条件价值法获取样本农户对"质量高"的油菜种子的支付意愿和支付金额。

第8章，为结论和建议。主要为研究结论和政策建议，同时对未来需要进一步加强研究的方面进行展望。

0.4　实证调研区域

本书实证调研区域为长江中游油菜种植省份。长江流域是中国乃至世界重要的油菜生产基地，其油菜常年种植面积、总产量约占世界的25%和中国的80%，是中国最大的油菜产区。2008年农业部发布实施的《油菜优势区域布局规划（2008~2015年）》将长江流域油菜种植带划分为长江上游优势区〔包括四川、贵州、云南、重庆、陕西五省（直辖市）]、长江中游优势区（包括湖北、湖南、江西、安徽四省及河南信阳地区）和长江下游优势区（包括江苏、浙江两省）。其中，长江中游优势区常年播种面积5140万亩①，占整个长江流域的55%以上，面积和总产量分别占全国的47.8%和45%。在长江中游诸多省份中，作为全国"双低"油菜研发、种子生产供应和加工利用三大中心的湖北省在油菜种植规模与水平、油菜科研实力、油菜种子生产能力和种子市场发育程度方面优势更为突出。湖北省油菜常年种植面积和总产量分别占中国的1/6和世界的1/18，连续13年居全国之首。不仅如此，湖北省也是世界油菜种植水平最高和科研实力最强的地区之一。湖北省武汉市是全国油菜研发的中心，拥有华中农业大学和中国农业科学院油料研究所等国内油菜研究的两大巨头，产出了近四成的油菜新品种和一系列重要的油菜生产技术规程及标准。新中国成立以来，我国油菜生产技术经过的每一次变革都与湖北武汉密不可分，为此，油菜界素有"世界油菜看中国，中国油菜看湖北"的提法。湖北省油菜种业比较发达，创建有"华油"、"中油"等双低油菜种子品牌，在襄樊市建设有全国规模最大的双低油菜杂交种子生产基地3万亩，产供种能力达到200万千克；在湖北鄂东建设有稳定的双低油菜常规种子生产基地2万亩，产供种能力达到200万千克，是全国的油菜种子生产供应中心。湖北省油菜种子的市场化程度相对较高，在湖北市场上，既有本地的优良油菜种子，也有来自其他省份的油菜种子，多家油菜种子供应商和为数众多的种子销售商在该区域展开竞争，为农户提供了较大的自主选择权。

为此，研究的实地调研区域主要在湖北、湖南和安徽等长江中游省份。其中，对农户的调查主要集中在湖北省油菜主产区江汉平原及部分临近地区。

0.5 研究方法

0.5.1 问卷调查

以湖北省油菜主产区油菜种子市场和油菜种植农户为主要研究对象，参考湖南省、安徽省油菜种子市场状况，根据作者前期调研体会并借鉴现有文献研究结论，设计调查问卷，通过入户问卷调查和深度访谈等方法，获取一手资料进行分析。问卷调查共分为以下两个阶段进行。

第一阶段为2006年3~5月对湖北省松滋、监利和江陵三县的油菜种子市场状况和油菜种植农户进行调查，了解农户对当前种子市场上产品质量、服务、价

---

① 1亩≈666.7平方米。

格、品牌等因素的重要性认识和满意度评价，测量影响农户重复购种和向他人推荐种子的主要因素，以提炼出影响农户种子价值判断的主要因素。本次调查规模为 310 份，收回 300 份，剔除漏答关键信息及出现错误信息的问卷，回收有效问卷 285 份。

第二阶段为 2006 年 7~8 月对湖北省荆门市、荆州市及潜江一个县级市的油菜种子市场和油菜种植农户进行调查。在对第一阶段调查资料进行分析的基础上，根据联合分析法和条件价值法的要求，设计产品轮廓、假想产品和调查问卷进行入户调查，了解农户对各个产品轮廓的选择偏好，以测量各个价值要素的重要程度及在总价值中所占比例；了解农户对更好种子的支付意愿和支付金额，以测定种子产业价值提升空间。本次调查回收有效问卷 311 份。

0.5.2 价值要素分析方法

1）通过因子分析法，提炼出影响农户种子购买决策的主要因子，并通过结构方程模型检验这些因子对农户重购行为和推荐行为[①]的影响程度，以此初步确定农户油菜种子价值判断的影响因素和基于农户角度的种子价值要素。

2）借用特征价值理论思想，在上述因子分析和结构方程模型分析结果的基础上，通过联合分析法，测量农户对油菜种子各个价值要素的偏好或者效用值的评分，形成基于农户角度的油菜种子商品的价值构成和比例。

3）运用条件价值评估法，通过构建虚拟产品和假想市场，测量农户对更好商品种子的支付意愿。

0.5.3 计量模型方法

1）对农户购种行为资料采用因子分析、结构方程模型提炼并检验影响农户品牌忠诚度和种子价值判断的重要因素，通过聚类分析模型得出不同价值偏好和价值构成的分类样本，运用交互分析法，比较不同样本间相关特征变量是否存在典型差异，为企业判别和进入不同细分市场提供参考。

2）对用联合分析法调查取得的资料采用最小二乘法回归（OLS）模型估计农户对油菜种子各个价值要素的偏好得分以测定价值构成比例。

3）对于通过条件价值法获取的样本支付意愿，选取样本的相关特征变量作为解释变量，用 logistic 效用模型分析农户对更好油菜种子的支付意愿及影响因素。

---

① 重购行为和推荐行为是测量顾客忠诚度的重要指标。

0.6　研究的创新与不足

0.6.1　研究的创新之处

研究的创新之处在于：

1）研究角度和研究内容有一定创新。从效用价值理论和顾客价值理论相结合角度，探讨基于农户的商品油菜种子价值要素和价值构成，这不仅在种子商品价值研究中没有，而且在其他产品价值研究中也很少见，为物品的价值研究提供了新的视野。

2）研究方法有一定创新。本书采用结构方程模型提炼和验证影响农户对油菜种子价值判断的主要因素，一定程度上解决了相关分析和回归分析不能全面了解变量之间关系的局限性问题；将评价消费者偏好的联合分析法引入到油菜种子商品价值要素重要性及比例的测量中，避免了直接询问法和强行分配法可能带来的主观偏差，一定程度上解决了价值测量中各个要素的重要性或者效用不能得到客观评价的问题，有助于客观深入分析种子商品价值结构。

3）研究结论有一定新意。通过研究，第一次得出了量化的油菜种子价值结构模型，认为油菜种子的价值要素是种子质量、服务、品牌和销售宣传，且质量要素在油菜种子价值中占85%以上；揭示出销售服务效用变化的倒 U 形特点。研究结论体现出较强的创新性且对企业提升顾客价值创造能力具有现实指导意义。

0.6.2　研究的不足之处

1）对商品油菜种子价值要素的提炼不一定全面。种子价值要素的提炼一般有生产者（成本）视角和需求者即农户（效用）视角，本书主要从农户（效用）视角探讨种子价值要素，而没有考虑生产者（成本）视角；即使是从农户视角研究种子价值要素，由于作者能力、视野的局限以及研究对象的复杂性，也不能保证将所有与种子有关的影响农户购买决策的因素都纳入研究范围，因此，很有可能一些应该成为种子商品价值要素的内容没有作为价值要素被提炼出来。

2）对种子价值要素效用的评价还只是初步的尝试。由于目前对价值要素效用的测量研究较少，没有可供借用的比较成熟的方法，同时为了研究方便起见，只选取了几个有限的、主要的价值要素进行测量，因而，对提炼出的油菜种子价值要素的效用及在总价值中所占比例的测量只是一个初步的、粗略的估算，不够全面和准确。对于如何准确、科学地测量种子商品价值要素的重要性需要不断探索。

3）关于农户对好种子支付意愿以及愿付金额的估计可能与实际存在一定偏差。由于是假想市场，农户不存在支付实际货币，因而用条件价值法测量农户的支付意愿和态度，存在高估支付意愿的可能。

4）由于资料有限，用特征价值法研究种子商品特征价值的行动还没有展开。

第 1 章
种子商品价值研究的理论基础

在社会科学领域，对价值的研究是许多学科都关注的问题，例如，经济学关注"交换价值"和"使用价值"，会计学与财务学侧重于"账面价值"、"评估价值"、"市场价值"和"重置价值"。营销学从培养企业竞争优势的角度出发，关注顾客价值。本章主要从经济学和营销学视角，对价值理论进行梳理。

1.1 劳动价值论

劳动价值论是社会必要劳动量决定商品价值的理论（姜文来，1998），形成于经济理论的重心从流通流域（重商）向生产领域（重农）转移的时期。劳动价值论的主要代表人物有威廉·配第、亚当·斯密和大卫·李嘉图等。马克思在对资产阶级古典政治经济学批判、继承、发展的基础上，最终形成了科学的、完整的劳动价值理论。

英国的威廉·配第在《赋税论》中第一次明确提出了商品价值来源于劳动的思想，并首次对"自然价格"、"政治价格"和"真正的市场价格"进行了区分。他认为商品的自然价格由生产商品所耗费的劳动时间决定，价值量的大小以劳动生产率为转移，分工有助于劳动生产率的提高。但是，他的劳动价值论也存在着致命的缺点和错误。首先，他对"自然价格"（即价值）、"政治价格"（即交换价值）和"真正的市场价格"（即价格）的区分并不连贯，经常混淆。其次，他把生产金、银的劳动当成生产价值的劳动。最后，他把商品的价值和使用价值混为一谈。

亚当·斯密对劳动价值学说的主要贡献在于首次确立了所有生产商品的劳动都创造价值的观点，从而撇开了劳动的特殊形式，把创造价值的劳动归结为一般的社会劳动。但斯密的劳动价值观存在多重价值规定的矛盾和错误。第一，他认为没有使用价值的物品也有交换价值，混淆了商品的使用价值和价值的关系。第二，他在肯定商品价值由生产商品所耗费的劳动决定的同时，又错误地指出商品价值由这个商品在交换中所能购买或支配的劳动量决定，混淆了耗费劳动和购得劳动。第三，他认为商品价值由工资、利润和地租三种收入构成，混同了价值决定和价值分配。这一系列错误导致斯密不能正确解释价值规律和利润、地租起源之间的矛盾，从而不能将劳动价值论贯穿到底。

大卫·李嘉图作为古典政治经济学的完成者，在其《政治经济学及赋税原理》一书中对劳动价值理论做出了较系统的论证。他第一次正确区分了使用价值与交换价值，认为使用价值是交换价值的物质承担者，并对交换价值取决于劳动时间这一规定做了透彻的表述；区分了简单劳动和复杂劳动、直接劳动和协助劳动、自然价格和市场价格。李嘉图在贯彻商品的价值由社会规定的劳动所体现的过程中，既批判了斯密把耗费的劳动与购买的劳动混为一谈的观点，也批判了斯密的三种收入构成商品价值观点，认为商品价值可以分解为工资、利润和地租，但价值却并不由工资、利润和地租所决定。同时，他还纠正了斯密的没有效用的商品也有交换价值的错误结论。但是，由于李嘉图不能历史地考察价值，没有分析价值形式，而且也无法在其价值理论基础上正确解释利润的源泉以及等量资本获得等量利润的问题，从而不仅使他的劳动价值理论陷入困境，而且最终完全解体。

马克思在批判和继承资产阶级古典政治经济学基础上，发展了劳动价值论。马克思对劳动价值论的最大贡献之一是提出了商品二因素和劳动二重性学说，使劳动价值论建立在科学基础上。

马克思指出，商品是用来交换的劳动产品，是使用价值和价值的统一体。商品的生产过程就是使用价值和价值的生产过程，商品的交换过程就是让渡使用价值和实现价值的过程。交换中所表现出的商品之间的量的关系和比例即为交换价值。不同商品之间之所以能相互交换，就是因为所有商品中都含有一个共同物，即凝结在商品中的无差别的人类劳动，它就是价值。价值作为抽象劳动的凝结，在质上是相同的，只有量的差别。

马克思从商品的二重性因素出发进一步引导出生产商品的劳动二重性。他指出，生产商品的劳动是抽象劳动和具体劳动的统一；抽象劳动创造商品的新价值，具体劳动转移生产资料的价值，这是同一劳动过程的两个方面。劳动二重性学说正确地回答了什么样的劳动创造价值、怎样创造价值的问题，解决了价值创造和价值转移的问题。

马克思在深入分析资本主义生产方式和社会关系的基础上，对劳动和劳动力进行了严格区分。指出，工人出卖的不是劳动而是劳动力，工资是劳动力的价值或价格的转化形式，而工人的劳动本身就是商品价值的源泉，工人的劳动不仅能创造价值，还能创造出超过劳动力价值的剩余价值来。剩余价值理论正确回答了利润及剩余价值的来源。

在劳动价值论的基础上马克思还进一步论述了价值转换理论（蔡银莺，2007），他认为，商品生产价格由市场价值转换形成，它包括三种形式：①价值向生产价格的转化，这一过程包括耗费资本转化为成本价格、剩余价值转换为利润、各部门利润率平均化和价值转化为生产价格（即生产价格＝成本价格＋平均利润）等几个步骤；②价值的第二种转换形式，价格围绕着波动的生产价格，在加上了商业资本（含纯粹流通费用）后，进一步转换为这样的形式，即价格等于产业资本的生产价格＋商业利润＋纯粹流通费用；③价值的第三种转换形式，土地等所有权要求在社会剩余价值的总额中得到实现，即超过平均利润的超额利润转换为地租。

由上可知，劳动价值论的核心是探讨劳动与商品价值的关系，论证劳动创造价值以及分析价值的表现形式。许多代表性人物的论著中，都涉及价值与价格的联系。马克思在其价值转换理论中更是明确阐明了商品价值和价格的关系。认为商品生产价格由市场价值转换形成，价格是价值的表现形式。

1.2　效用价值理论

效用价值论是历史上多派相关价值论演变、综合发展而形成的，该理论主要从需要或效用、供给或生产、或二者相结合的角度来解释价值决定问题（鲁友章等，2000；高鸿业等，2004）。

19世纪70年代，英国的杰文斯、奥地利的门格尔和法国的瓦尔拉斯在前人研究的基础上，差不多同时提出了有关效用价值论的思想和观点。该理论首先从价值理论开始，然后推进到生产理论和分配理论，进而引发了几乎整个西方经济理论领域的变革。效用价值论认为物品的价值取决于物品的有用性和稀少性，因而具有主观性，并提出用主观价值（即对人类福利的重要性）和客观交换价值（即购买力）来替换使用价值和交换价值，认为主观价值决定客观交换价值。奥地利学派在考察价值尺度或主观价值量的测定时，揭示出边际效用量决定财货价值的规律，即价值不取决于生产商品所耗费的社会必要劳动量，而是取决于物品的效用和稀缺性，取决于消费者主观心理上感觉到的边际效用。

效用价值论先后出现过基数效用论和序数效用论两套原理和方法。在帕累托之前，效用理论在基数概念的基础上构建理论体系，带来的问题是，边际效用的主观性使其很难通过基数形式准确计量。帕累托第一次清楚地区分了基数效用和序数效用这两个概念，而且系统地提出了序数意义上的效用理论，即假设商品效用能用第一、第二、第三这样的序数来计量，从而使边际效用理论"摆脱"了"主观感觉不可计量的批评"。

效用价值论体系的最终形成归功于阿弗里德·马歇尔，他在供求论的基础上高度概括总结了生产费用论和边际效用论，形成了一个完整的价值理论体系即"均衡价值理论"。马歇尔认为，价值是由"生产费用"和"边际效用"共同决定的，二者缺一不可。他把边际效用规律当做需求的基础，引入需求价格将边际效用递减规律转化为边际需求价格递减规律，推导需求曲线；将生产费用当做供给的基础，把实际生产费用看做是劳动的"反效用"和资本的"等待"的总和，推导出供给曲线；然后，由供给和需求所决定的市场均衡价格来解释价值决定问题。

尽管效用价值理论的不同学派对价值决定有不同的理解，但一个共同点是，消费者对商品的感知效用是决定商品价值的重要力量，而且价格和价值具有内在联系。

1.3　价值链理论

经济全球化和日益激烈的竞争，使得企业越来越多地关注如何创造并保持其竞争优势。实践证明，企业的竞争优势主要来源于各项活动和环节中所表现的比竞争对手更出色的能力。这既是价值链理论产生的基石，也是竞争力价值链分析方法的核心之一。

价值链的概念最早是由哈佛大学商学院 Porter 于 1985 年在其所著的《竞争优势》中首先提出的。他认为，每个企业都是进行生产、设计、营销、进货等各项活动的集合，这些活动构成了企业的价值链，Porter 将基本价值链分为基本增值活动和辅助性增值活动，基本增值活动包括进货后勤、生产作业、出货后勤、营销、销售和客户服务，辅助价值活动包括采购、技术开发、人力资源管理和企业基础结构活动，每一种活动都是这一价值链条上的一个环节，价值链就是企业为客户等利益集团创造价值所进行的一系列经济活动的总称。在价值链中，企业创造的最终价值是顾客对产品和服务愿意支付的价格，对厂家而言是指产品能为企业带来销售收入的特性，当最终价值超过总成本时，企业就可以赚取利润，实现产品增值。Porter 所定义的价值链被认为是传统的价值链。

英国卡迪夫大学的 Peter Hines（1998）教授发展了波特的理论，提出了新价值链观点。新的价值链观点把价值链看成是一些群体共同工作的一系列工艺过程，通过某一方式不断创新，为顾客创造价值。Peter Hines 的价值链与传统的价值链的区别主要表现在：第一，作用的方向相反，Peter Hines 定义的价值链把顾客对产品的需求作为生产过程的终点，把利润作为满足这一目标的副产品，而 Porter 定义的价值链把利润作为主要目标。第二，Peter Hines 的价值链所包括链条更长，将原材料和顾客纳入其价值链中，认为他们是创造价值的新源泉，而 Porter 的价值链只包括那些与生产行为直接相关或直接影响生产成员的成员。第三，Peter Hines 认为，现行的辅助活动包括信息技术的运用，价值链的增值活动是相互交叉的，应沿着合理有效的流程构建。基于新价值链的竞争战略就是整合组织内外资源、协调各个环节功能，在变化的环境中为顾客创造更大的价值。

信息技术的发展拓展了获得竞争优势的新领域。Jeffery F. Rayport 和 John J. Sviokla（1995）提出了开发虚拟价值链的观点，认为当今每个企业都在两个世界中进行竞争，即管理者可感知的物质世界和由信息构成的虚拟世界，后者指电子商务这一新的增长点，并分析了这两条价值链的主要区别，即经济原理不同、管理内容不同、增值过程不同。实物价值链由一系列连续的线形活动构成，虚拟价值链是非线形的，有潜在的输入输出点，能通过各种渠道获得和分布的矩阵。Jeffery F. Rayport 和 John J. Sviokla 认为，虚拟价值链任一阶段创造价值都包含收集、组织、选择、合成与分配信息 5 项活动，通过这些活动收集的原始价值可以创造价值，而在 Porter 的价值链中，信息只是被看做一系列增值活动中的支持元素，信息技术只是产生价值的辅助因素，其本身不是价值的来源。

因特网的出现为价值链理论注入新的内容。1995 年 12 月，《哈佛商业评论》和《管理沙龙》两大阵营的理论家们指出，与实物价值链并行的是虚拟价值链，后者可运用于实物价值链的各个阶段，水平地使价值增值，只是虚拟价值链需要在因特网上进行。新价值链不是由增加价值的成员构成的链条，而是虚拟企业构成的网络。它经常改变形状、扩大、收缩、增加、减少、变换和变形，称之为价值网（波维特等，2001）。价值网强调对任何顾客的价值决定性因素是联系顾客的网络，价值创造的成果将产生于企业内外间的价值网络，这一网络不仅反映物质运动的联系，更反映了人的行为及其关系，离开与企业有关各方利益主体的效用关系以及由此产生的行为联系，价值创造将失去意义（李垣等，2001）。价值网观念的突出贡献在于揭示了价值组织和价值创造的新形式。它把价值创造由企业内部的直线链条扩展到企业之间的网络，通过电子联系的方式使网络成员交换关键的信息和知识，并为共同的利益一起努力，达到提高价值创造能力的效果。可以看出，从价值链到价值网（迟晓英等，2000），对价值组织和价值创造形式的认识不断深入。

价值链的内容、表现形式以及不断发展，决定了价值链管理的形式。价值链管理包括垂直价值链管理、水平价值链管理（迟晓英等，2000）和虚拟价值链管理（雷长群，2003）。垂直价值链管理致力于产品生产中的供应商、制造商、批发商、零售商、顾客及其他相关环节的有效连接与协作，提高产品整体价值。水平价值链管理是对处于同一水平上的各个企业间相互作用的管理，将信息技术运用到垂直价值链管理和水平价值链管理，就形成了虚拟价值链管理。

1.4　顾客价值理论

价值链理论告诉我们，只有整个价值链能够创造满足顾客需求的价值，该价值链才具有竞争力。可见，顾客价值是提高企业的顾客忠诚度、保持企业持久竞争优势的重要源泉。Porter 曾在《竞争优势》中开宗明义指出："竞争优势归根结底产生于企业为顾客所能创造的价值。"Woodruff（1997）也明确提出，顾客价值是下一个竞争优势的源泉。

1.4.1　顾客价值的定义与类别

早在 1954 年，Drucker 就指出，顾客购买和消费的决不是产品，而是价值。尽管学者们都使用了顾客价值这一概念，却没有对其进行详细的描述与解释。

Zaithaml 在 1988 年首先从顾客角度提出了顾客感知价值理论。Zaithaml 的顾客感知价值有四种含义：①价值就是低价。一些顾客将价值等同于低价，亦即其价值感受中货币的付出至为重要。②价值是我想从产品或服务中获取的东西。一些顾客把能从产品或服务中获得的收益看成是价值的最重要的组成部分，认为价值就是对顾客有益的东西。该定义与经济学对产品效用的定义相似。③价值是付钱买回的质量。在该定义中，顾客将价值作为付出的金钱与获得的质量之间的一种权衡。他们既重视价格，又重视质量，或者说，重视性价比，认为价值是可以承担得起的质量。④价值是由于付出所能获得的全部。该定义认为，顾客在确定价值、权衡"所得"和"所失"时，既考虑了有关"所得"的所有组成部分，也考虑了"所失"的所有组成部分，如金钱、时间、精力等。

此后，不同的学者从不同的角度对顾客价值进一步进行了定义。例如，菲利普·科特勒把顾客价值定义为总顾客价值与总顾客成本之差。其中总顾客价值指顾客期望从某一特定产品或服务中获得的一组利益，包括产品价值、服务价值、人员价值和形象价值；总顾客成本则指在评估、获得和使用该产品或服务时引起的顾客的预计费用，包括货币成本、时间成本、体力成本和精力成本。

Butz 和 Goodstein（1996）从情感的角度对顾客价值做出了定义。他们认为，在顾客使用了公司提供的产品后，就建立了顾客与产品之间的情感联系，并发现产品为其提供了附加价值。他们从关系营销角度出发，在考虑关系对顾客价值影响的基础上，将顾客价值定义为：整个过程的价值 =（单个情景的利得 + 关系的利得）/（单个情景的利失 + 关系的利失），认为顾客对利得和利失之间的权衡并不仅仅局限在单个情景上，而是对整个关系持续过程的价值（total episode value）衡量。

Holbrook（1999）认为产品与服务所产生价值的消费经验，即为顾客价值。顾客价值是一种"互动性、相对性、偏好性"的经验。

Woodruff（1997）通过对顾客如何看待价值的实证研究，指出顾客价值是顾客对特定使用情景下有助于（有碍于）实现自己目标和目的的产品属性、这些属性的实效以及使用的结果所感知的偏好与评价。该定义强调顾客价值来源于顾客通过学习得到的感知、偏好和评价，并将产品、使用情景和目标导向的顾客所经历的相关结果相联系。

董大海等（1999）认为顾客价值取决于效用和成本之比，效用包括顾客对产品功能、式样等实体产品的评价，顾客对产品质量的认可程度和顾客对服务质量的认可程度。

上述关于顾客价值的定义大致可分为"理性观点"与"经验观点"两大类（查金祥等，2006）。理性观点基于消费者理性的假设，强调效用的最大化，以效益和成本的比值或差值为评价基础，认为顾客价值在于顾客购买产品或使用服务时，所得到效用、质量或利益与成本之间的差异。经验观点不仅强调消费结果，还强调消费过程，着眼于整体消费经验的好坏，消费过程也成为评价顾客价值的一个重要依据。

尽管学术界对顾客价值的战略重要性已经有了统一的认识，都认为顾客价值是顾客满意和某些顾客行为（如顾客重购）的决定因素（Oh，1999；Cronin et al.，2000；Teoman Duman，2002；董大海，2003），但是关于顾客价值到底如何分类至今仍然没有较为一致的观点。Indrajit 和 Wayne（1998）指出："顾客感知价值是源于价格、质量、利益和牺牲的一个多维化结构，对于一个特定的产品类别，感知价值的范畴需要被探索和确定。对顾客价值要素的探讨只能是在某类产品内部探讨。"Sheth 等（1991）认为产品为顾客提供了五种价值，即功能价值、社会价值、情感价值、认识价值和情境价值。

Morris B. Holbrook（1996）按照顾客价值的三个维度（即外生与内在的价值、自我导向的与他人导向的价值、主动的与反应的价值）将顾客价值分为八种类型（表1-1）。

表1-1　三维度的顾客价值分类

导　向		外　生	内　生
以自我为导向	主动的	效率（I/O，方便）	娱乐（愉快）
	反应的	优秀（质量）	审美（美丽）
以其他为导向	主动的	地位（成功，形象管理）	伦理（美德，正义，道德）
	反应的	尊重（声誉，物质，财产）	精神（信仰，欣喜，神圣，幻想）

资料来源：M. B. Holbrook, 1996

考虑到顾客价值评价的时间差异以及对价值感知的关注因素的不同，Woodruff（1997）从价值评价的时间和关注的价值因素两个维度将顾客价值分为四类，即基于属性的期望价值、基于属性的评价价值、基于结果的期望价值、基于结果的评价价值（图1-1）。

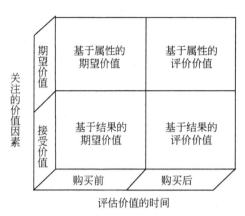

图 1-1　二维度的顾客价值分类

资料来源：Woodruff，1997

1.4.2　顾客价值的特征

张明立（2007）通过分析国内外学者对顾客价值内涵的界定，认为尽管不同学者对顾客价值的定义有所差异，但并没有掩盖顾客价值的主观性、个体性、相对性、情景依赖性、层次性和动态性等本质特征。

1.4.2.1　顾客价值的主观性和个体性

顾客价值并不是产品和服务本身固有的，而是由顾客主观感知的，与产品、服务、品牌是否符合顾客的需求紧密联系在一起的顾客心中的价值，因而具有强烈的主观性。这种主观性也同时体现为个体性，即顾客价值也是因人而异的。由于不同的顾客具有不同的个人价值观、个人需要、个人偏好、经验、教育和财务资源等，而这些特有的个人因素都会对其感知价值产生影响，因此，对一个人来说有价值的东西对另一个人并不意味着有价值。

1.4.2.2　顾客价值的情景依赖性

顾客价值与产品的特定使用情景具有高度的相关性。在不同的情景下，顾客的个人偏好和对价值的评价会有显著的差异。即使是同一顾客也可能在不同的情景中对同一产品进行不同的评价。Woodruff认为顾客感知价值的形成很大程度上受到顾客使用情景的影响，如果使用情景发生变化，顾客的感知价值也可能会发生相应的改变。

1.4.2.3 顾客价值的层次性

顾客价值对顾客而言并不是一个很笼统抽象的概念，实际上顾客会在不同的层次上分别形成感知价值。Woodruff（1997）基于信息处理的认知逻辑，依据Gutman的手段—目的链方法提出了顾客价值层次模型（图1-2）。该模型既突出了顾客价值的本质特征，又集成了顾客的期望价值和实受价值，并强调价值来源于顾客通过学习得到的感知、偏好、评价以及消费情景对价值感知的影响。

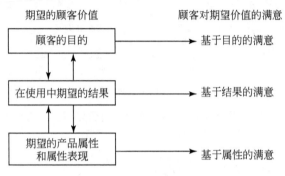

图1-2 顾客价值层次模型

资料来源：Woodruff，1997

顾客价值层次模型认为顾客通过手段—目的的模式构建其期望的价值。从上往下看，顾客会根据其目标和意图确定使用情景下结果的重要性，再由重要的使用结果指导顾客确定属性和属性功效的重要性。从下往上看，顾客结合以前的经验，将产品看做是一系列特定属性和属性功效的集合，属性是达到功效（特定结果）的手段，功效是达到目标价值的手段。顾客价值层次模型不仅描述了顾客期望价值，也很好地描述了顾客实际得到的价值。顾客满意则是连接二者的媒介。在整个相互影响的过程中，顾客是通过顾客满意这个媒介来感知价值的。

从管理实践的角度来说，顾客价值的层次性有利于企业在操作层面上针对性地进行顾客价值开发。

1.4.2.4 顾客价值的动态性

顾客价值的主观性在一定程度上决定了顾客价值的动态性。随着顾客消费经历的积累、顾客满足程度的提高、顾客消费情景的变化，顾客价值也会发生相应改变。导致顾客价值动态变化的因素主要有四类。

第一，时间要素。顾客在不同的消费阶段对价值的感知和关注因素是变化的。例如，Vantrappen（1992）认为不仅不同的顾客对同一产品的期望价值存在差异，而且同一个顾客在不同的时间所感知的价值也是不同的。Parasuraman（1997）在对 Woodruff 的文章评述中也提出，随着顾客由短期顾客到长期顾客的转变中，他们的价值判断标准可能会变得越来越全面、抽象。

第二，需求要素。在不断满足顾客不同层次需求的过程中，顾客对满足其需求的价值要求是变化的。Havery（2000）依据满足顾客需求程度将顾客价值划分为既相互区别又可以相互转化的绩效性、激励性和保健性三类。当绩效要素满足顾客的基本需求后，顾客对产品或服务的期望价值也随着需求的满足而不断提高，而且对价值的感知标准也随之发生变化，这时企业提供的绩效性价值对顾客来说就不再具有吸引力。在顾客需求逐渐满足的过程中，企业为顾客提供的价值也就从绩效性过渡到激励性，最后提高到无法再改善顾客满意度的保健性，这种由需求主导的转变一定程度上反映出顾客价值的变化规律。

第三，触发事件要素。特定环境中的一个与顾客目标相关的刺激因素不仅会影响到价值形式的变化，同时也会引起期望价值和价值判断的变化。Flint 等（1997）针对产业营销中的"供应商－顾客"互动问题，罗列了能改变顾客价值的一些触发事件，描述了顾客的动态特征，提出了分析这些事件引发顾客价值变化的机理（图 1-3）。

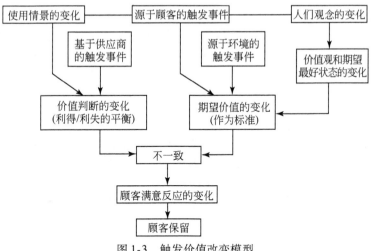

图 1-3　触发价值改变模型

资料来源：Flint et al. , 1997

第四，互动因素。顾客在产品或服务的消费中参与产品生产的程度会影响到价值感知的变化。Ruyter 等学者的研究表明，某一服务过程中的各个服务阶段及其组合方式会对顾客总的满意效果产生影响。事实上，企业企图传递给顾客的价值是在与顾客的互动中形成的，而不是由企业单方生产的。在这个意义上，顾客介入价值创造的程度越大，他们的主观意识起的作用就越大，他们体验消费的路径差异也越大，因而价值感知的波动也就越大。这种互动对价值的影响可能在服务业较为普遍，但随着人们自助体验消费观念的深入，这种影响也日渐出现在制造业中。

1.4.2.5 顾客价值的相对性

顾客价值的相对性不仅包含因顾客个体和情境差异而形成的价值相对性，更主要的，它强调价值是因比较而形成的。一种产品或服务的价值是通过同一个顾客比较另一种产品或服务的价值形成的，同时，也是更为典型的，价值是与竞争对手比较而形成的。顾客价值不是仅局限于顾客自身的感知，而是把对企业提供的价值感知去比较竞争对手的相关价值提供物，从而做出价值判断。因此，从这一角度讲，顾客价值具有相对性。

1.4.3 顾客价值的构成和驱动因素

一般来说，顾客价值的构成和驱动因素主要是产品质量、服务质量和价格因素等。但它们具体包括哪些要素？顾客又是从哪些方面来对它们进行评价？对此，学者们进行了不同的探讨。

Gale 和 Wood（1994）把顾客价值看做是一种与价格相关的质量。他们认为，顾客价值就是对一定价格水平上的质量的感知，因此，顾客价值就是质量。Zeithaml 等（1988）认为顾客感知是顾客价值的决定因素，感知价值（perception value）是顾客对一定价格条件下所获得收益的感知。Jakson（1985）认为顾客价值是由利益与价格的比率决定的。Morris（1994）则认为顾客价值由顾客感知到的质量与价格之间的函数决定。Anderson 和 Narus（1998）也认为顾客价值由顾客从购买中获得的价值与所要付出的所有成本之间的"净收益"决定。

另一些学者对决定顾客价值的二因素即价值（利益）和价格（成本）的内容进行了拓展。Treacy 和 Wiersema（1993）认为，顾客价值除了质量、价格两个基本要素外，还应该包括便利性、可靠性、售后服务等价值要素。Higgins（1999）则将顾客利益分成产品价值、服务价值、技术价值和认同价值，同时把顾客成本分为与所付价格有关的成本和顾客付出的各种内部成本两大类。Lapierre 等（1999）则认为顾客价值不仅包括产品和服务的质量以及价格两个构成要素，而且还包括关系价值。

杨龙和王永贵（2002）认为，顾客价值的驱动因素主要包括两大类：感知利得和感知利失。其中，感知利失包括购买者在采购时所面临的全部成本，如购买价格、获得成本、运输、安装、订购、维护修理以及采购失败或质量不尽人意的风险；感知利得是在产品购买和使用中产品的物理属性、服务属性、可获得的技术支持等。他们认为，企业可以通过增加顾客感知利得或减少感知利失来实现顾客价值的提升，并对如何增加顾客感知利得或减少感知利失进行了分析。指出，针对顾客需求设计产品和服务，最大化满足顾客需求，在核心产品上增加顾客认为至关重要的新成分等都是增加顾客感知利得的有效途径。而适当降低价格、按时交货、严格履行承诺、尽可能为顾客提供时间和空间上的方便、降低顾客的时间成本、心理负担和关系成本等则是减少顾客感知利失的有效手段。他们还强调，在各项与感知利失相关的因素中，非货币因素往往处于举足轻重的地位，例如，许多顾客把时间等看做是比金钱更重要的资产。

Penny 等（2001）则从供应商的角度剖析了顾客价值的驱动模型（图1-4）。在此模型中，Penny 描述了供应商的市场导向行为、供应商的价值导向活动与顾客感知价值、企业价值创造能力的关系，指出供应商的价值导向型活动——产品相关因素、服务相关因素和营销相关因素（如备选方案、产品质量、产品定制化、敏捷反应、柔性、可靠性、技术能力、供应商的形象、信任、供应商与顾客的团结程度、价格、时间、努力程度、精力与冲突等）构成了顾客价值的直接驱动因素。

Wolfgong Uaga 将顾客价值的驱动因素分为三类：产品相关特性、服务相关特性、与促销相关的特性（杨龙等，2002）。在构成质量的相关因素中，三类驱动因素的重要性排序依次是产品相关特性（51%）、服务相关特性（34%）、与促销相关的特性（15%）。

可见，不同的顾客、不同产品、不同企业、不同行业的顾客价值构成与驱动因素都是不尽相同的，而且研究视角的不同（顾客或企业）也可能带来结果的差异。因此，需要在具体的情景中进行实证研究，以更好地指导实践。

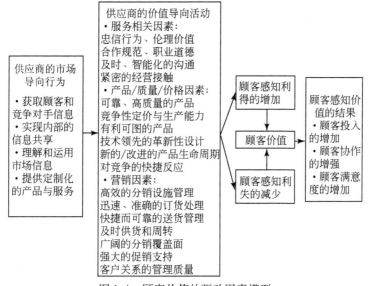

图1-4　顾客价值的驱动因素模型

资料来源：Simpson，2001

1.5　农户行为理论及农户购种行为研究

1.5.1　农户行为研究的主要学派

宋洪远（1994）从经济学的角度将农户行为定义为："农户在特定的社会经济环境中，为了实现自身的经济利益而对外部经济信号做出的反应。"他认为，农户作为经济行为主体，具有特殊的经济利益目标，并会在一定条件下采取一切可能的行动实现其目标。

对农户行为的研究主要有三个学派（宋圭武，2002）。

第一个是以俄国 A. 恰亚诺夫为代表的组织生产学派。该学派认为，农户经济发展依靠的是自身的劳动力，其产品主要是为满足家庭自给需求，农户的劳动投入无法计算成本。而投入与产出一般又是不可分割的整体，所以在追求最大化上，农户选择了满足家庭消费需求和劳动辛苦程度之间的平衡，而不是利润和成本之间的平衡。

第二个是以西奥金·舒尔茨为代表的理性小农学派。该学派认为，在竞争的市场机制中，农户经济运行与资本主义经济运行并没有多少差别，农户在生产分配上极少有明显的低效率。作为一种规律，在传统农业时期，农户使用的各种生产要素投资收益率很少有明显的不平衡。说明在这样一种经济组织中，农户的行为完全是有理性的。

第三个是以黄宗智为代表的历史学派。黄宗智在综合分析上述两个学派的研究成果后认为，农户家庭之所以在边际报酬十分低下的情况下仍会继续投入劳动，其原因可能是农户家庭没有边际报酬概念或农户家庭耕地规模小导致劳动剩余过多，而且又缺乏很好的就业机会，使劳动的机会成本几乎为零。

由于各学派的具体研究对象、研究方法以及所处历史阶段等的不同，必然会得出不同的结论。但究其实质，上述对农户行为的"理性"与"非理性"之争其实是不同形式的"理性"之争（宋圭武，2002）。可见，不管什么学派，都认为农户的行为是理性的。事实上，任何农户都在追求依据自身价值观而产生的"效用最大化"，而农户的价值观又与特定的因素有关（宋圭武，2002）。所以，不同的农户经济行为模式都有一定的存在合理性，都会受到特定因素的影响。

1.5.2　影响顾客购买行为的因素

20 世纪 50 年代以来，以顾客为中心的现代市场营销理念逐渐在营销学界占据了主导地位。随之，对消费者行为的研究也日趋深入。

从经典的"刺激－反应"模式（图1-5）可以发现，影响顾客购买行为的因素很多，包括营销刺激（产品、价格、地点、促销等）、其他刺激（经济、技术、政治、文化等）、购买者的特征（文化、社会、个人、心理等）（菲利普·科特勒，2003）。吴国华和潘德惠（2005）认为根据McFadden的解释，顾客的购买决定直接取决于顾客感知的产品效用的大小与期望值之间的对比关系；顾客感知产品的效用是由产品的一系列的属性以及顾客在购买过程中赋予每个属性的权重系数的加权平均和，再加上顾客在实际产品选择行为中因受到个人偏好、促销活动等因素的影响所产生的误差，如果感知的效用大于或等于预期的效用，则会理性地做出购买决定，反之，会拒绝购买。但在具体的购买行为情景中，各因素的影响作用是不一样的。作为市场经济条件下的理性农户，我们认为，其购种行为也受到这些因素的影响。

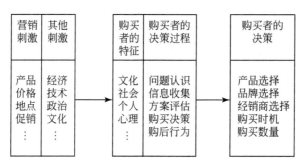

图1-5　购买行为模式

资料来源：菲利普·科特勒，2003

1.5.3　影响农户购种行为的因素

根据农户行为理论，农户购买种子行为是一种理性行为，是特定因素影响的结果。根据顾客行为理论，影响农户购买种子行为的因素包括营销刺激、其他刺激以及自身特征等。

那么，在购买种子这种情景中，各因素又是怎样影响农户的行为，使其行为结果趋于合理呢？迄今为止，不少学者对此进行了研究，取得了一定的成果。

1.5.3.1　影响农户种子更换行为的因素

狭义的种子更换行为是指农民由种植自己生产所留的种子改为采用从种子公司购买的商品种子（或从其他渠道来源的种子）的过程。种子更换是对生产资料的更新，更换后其品种的生产潜力将得到恢复（胡瑞法，1998）。在这里，我们认为种子更换行为也包括由种植某一种子公司（或品牌）的种子改为种植另一公司（或品牌）的种子。

许多学者对品种的选择与替代问题进行了研究（胡瑞法，1998）。有关品种选择与替代的理论（Nowshirvani，1971）与实证研究（Herath et al.，1982；Gafsi et al.，1979）一般将农民的品种选择作为一个简单的周期来进行土地的合理分配。此外，也有一些研究强调相应的要素投入对新品种采用风险的影响（Feder，1980，1982）。迄今为止，关于种子更换的研究很少，目前仅见的报道是Heisey 与 Brennan 的研究（1991），他们认为，在一个封闭的系统下，农民采用自留种子整个时期的利润最大化是农民更换种子行为的判断标准。

胡瑞法（1998）指出，Heisey 和 Brennan 的研究是以较大规模（以 1 公顷为单位）的农户种子更换行为为研究对象，没有考虑小规模农户种子更换中的较大机会成本问题，更重要的是忽略了种子更换系统是个开放系统的事实。为此，他结合中国的实际情况，建立了粮食作物常规种子更换模型，修正了 Heisey-Brennan 模型，较好地描述了我国农民的种子更换行为。根据这个模型，影响中国农户种子更换行为的主要因素是种子产量和种子价格。

张丽娟和李艳军（2007）通过对湖北省荆州市油菜种植户的调查研究，发现农民的年龄越大品种转换意愿越低，文化程度越高转换率越高，同时，现有使用的种子品牌形象越好、质量越高、价格越有竞争力，农户的品种转换率越低。

1.5.3.2 影响农户购种行为的因素

赵玉山和王华记（2001）将农户购种行为定义为：农户在利益驱动下，根据自身条件和周围客观的自然、经济和社会环境，从市场上购买种子以满足其生产需要的行为。根据他们的研究，影响农户购种的行为因素有产量、栽培条件、品种的质量和销路等。随后，弓丽英（2001）基于对河南省部分地区农户购种行为的调查，得出种子质量、价格、所购品种产品的出路、种子的出处和品牌是影响农户购种行为的主要因素，这些因素共同发挥着影响作用。几乎同时，刘元宝等（2001）从种子经营者的角度分析了农户的购种行为，指出农户的知识结构、家庭收入来源、购种经验、获知信息的渠道、种子的质量、品牌、价格等对农户购种行为都有一定影响，并强调了新品种试种、示范工作的重要性。郑渝（2002）则着重从产品角度分析了影响农民购种的因素，认为这些因素依次为种子质量、种子价格、品种和品牌。郭杰（2002）将宏观和微观视角结合起来，归纳出影响农民购种的因素包括：①种子用户自身因素（包括文化程度、种植技术水平、信息的获取能力等）；②政治因素；③经济因素；④科学技术因素；⑤种子用户的相关群体（包括亲戚朋友、种植大户、科技示范户、左邻右舍、农业科技工作者以及农民协会等）；⑥种子生产经营单位自身因素（包括单位形象、种子形象、供种单位的销售服务工作等）。曾松亭（2006）认为，影响农户购种行为的主要因素有政府干预、农产品市场销售情况和农户收入。2001 年丰乐种子种业所做的市场调查显示，农户购买种子的价值取向依次是种子质量、种子价格、品种、品牌，与美国农场购种价值取向正好相反（曾松亭，2006）。黄钢和徐玖平（2007）通过对农民购买种子的行为调查，发现农民选购种子的主要标准依次为：包装、经销商信誉、宣传效果、亲戚朋友推荐、公司品牌、实际示范效果、种子的质量和价格。刘锐（2008）对农民购买玉米种子的行为进行了分析，认为经销商的介绍、农民对品种的认知、品牌影响力、广告宣传、价格、包装都会影响农民购买玉米种子的行为，并且经销商的介绍占主要作用；同时发现，农户喜欢抗倒伏、抗病性等抗性强的品种，如果确实是好的品种，即使价格高一点，农民也愿意购买，在包装上农民主要关注包装量，在信息传播上，农户认为农技员的推广、种植户及邻居介绍和电视广告是最有效的宣传方式。

1.5.3.3　影响农户采用农作物新品种的因素

另外，对于影响农户采用农作物新品种的因素，也引起了部分学者的关注。最早对农户采用新产品行为影响因素的研究出现在 Griliches（1957）对杂交玉米的推广方式的研究中，他认为解释农业生产要素接受速度的有力解释变量是新技术（品种）与原有技术相比显现的有利性差别，而不是人性、教育和社会环境方面的差别。这些有利性的因素有：绝对而不是相对产量的增加、产量和价格的变动以及由此导致的风险和不确定性。Boahene 等（1999）以加纳杂交可可（技术）的采用为例，研究了社会资本在发展中国家农业技术扩散中的作用。最后他们得出结论认为，农户所处社会网络对于技术信息的获取和采用成本有着重要影响，研究表明在采用杂交可可的过程中，小型农户通过社会网络获取支持的可能性比大型农户利用农场优势获取支持的可能性来得更大。韩军辉和李艳军（2005）在分析农户获知种子信息主渠道的基础上，指出年龄、农户类型、购买时考虑因素个数及信息主渠道个数是影响农户采用新品种的主要因素。蒙秀锋等（2005）以广西贺州为例，从内部因素和外部因素两个方面分析了影响农户选购农作物新品种的决策因素，指出受教育程度、收入水平、收入来源、耕地面积、劳动力状况以及新品种的特性、价格、广告宣传、进步农户的"带头"作用、种子销售人员的业务素质、种子经营单位的数量、农业技术推广部门、国家和地方的相关政策、农户种植习惯等都对农户选购新品种有影响。祝延立等（2007）通过对吉林省洮南市的 150 户农民进行调查，发现影响农民采用新品种的因素主要有以下几个方面：经济效益即不同品种的投入产出比、新品种的产量、新品种的种子价格、政府部门的政策、宣传力度和农民的文化，其中，种植新品种的经济效益最为重要。徐同道和吴冲（2008）以江苏丰县为例研究了农民资源禀赋对优质小麦新品种选择的影响，研究结果显示，从事农业劳动人员的最高文化、家庭总耕地面积、家庭农业总收入、信息来自人际关系途径、政府补贴情况、种植新品种较原有品种的预期收益情况等因素对优质小麦新品种的选择具有显著的正向影响；30~50岁的劳动力人数、耕地碎化率以及新品种较原有品种的价格情况对优质小麦新品种的选择具有显著的负向影响。

1.5.4 关于种子产品特性和需求的研究

江覃德（2005）按照市场营销学整体产品概念探讨了种子产品结构，认为种子产品分为相互依存、缺一不可的三个层次：第一层次是核心产品，它是整体产品的内核，包括种子的增产潜力、优质、抗逆、抗虫性等，获得核心产品是购种者购买种子的根本目的；第二层次是形式产品，如包装、商标、式样等；第三层次是扩增产品，指售后以栽培、植保为主的配套技术服务和促销。

魏秀芬（2005）认为农户对种子需求的目的有三种类型或三个层次：①维持生产型，这类农户对种子的要求不高，维持简单再生产就可以了，没有采用新品种的动力。②发展生产型。政府对农业比较重视，农户认识到种子的重要性，在价格可以接受的情况下，愿意购买已经推广并且效益明显的优良品种。③高效生产型。这类农户文化程度较高，接受新事物快，愿意优先使用新品种、新技术，以获得高收益。

冯培煜等（2006）指出商品种子有价值和使用价值，价值是生产种子的社会平均必要劳动量，使用价值是维持农业的存在和再生产，在现代农业中，使用价值表现为再生产增力。

顾克军等（2007）提出了基于顾客（农户）价值的种子产品关键构成要素，包括种子产品的质量、服务、价格、品牌、客户关系、购买时间和精力成本及心理成本等，并分类论述了每一种要素所涵盖的内容。他们认为种子产品质量主要包括品种的遗传质量、包装质量和播种质量；服务主要包括了服务内容、服务速度、服务态度和服务效果等；产品价格则是指购买种子产品所支付的货币额；品牌主要包括种子品牌的知名度和美誉度，是顾客对种子及企业的综合理解，而产品质量、服务与价格是其核心；客户关系主要包括顾客忠诚度、合作经历等；而购买时间、精力成本指购买（分销）种子产品需要耗费的时间及精力；另外，心理成本主要包括顾客消费种子产品的风险程度等。在此基础上，他们还把基于顾客（农户）价值的种子产品关键构成要素分为两大类：感知利得和感知利失。并认为感知利得是在购种过程中获得的产品物理属性、使用价值、服务属性等满足个人需求偏好的程度；感知利失则是农户或是经销商在采购时所面临的全部成本，如产品信息的搜寻、购买价格、采购时间、精力成本及心理成本等。

张向召等（2009）分析了种子产品不同生命周期营销策略的重点。他们认为，导入期必须重视种子产品的宣传和服务，让农户充分了解种子产品，并能亲自见到或体验到种子产品的实际效果；成长期则要突出种子产品的特色，培育良好的种子品牌，培养顾客忠诚，其中，继续提高种子质量、完善各项服务尤为重要；成熟期则要侧重品种改良以扬长避短，而低成本策略显得尤为必要，只有这样，才能通过低价格策略挽留住顾客（农户），同时又能保证必要的利润，具体做法如提高种子级别、推出普通品种和精品两种包装、提高服务质量、降低农户转换品牌的风险，等等；衰退期则应视情况立即退出或是缓慢退出。

张忠民（2009）在分析中国种子产品竞争力时，从五个方面指出了目前中国种子产品在各种特性方面的不足，认为这些不足导致农户和经销商的需求无法得到满足：一是种子产品尚未按市场经济准则形成规模和品牌，种子销售率低、品牌率低及精选包衣率低是普遍现象，以致种子质量低下，浪费严重；二是产品结构不合理，园艺产品种子市场基本被国外种子产品占领，国内种子则扎堆于大田作物种子市场，在品种推广方面，只注重高产品种，忽视优质品种，同时偏重社会效益，忽视对开发成本、知识产权和育种专家利益的补偿和保护等；三是市场营销方面重计划、轻市场，种子生产分地区、按计划生产，"配给"销售，种子产品供应盲目混乱，供需失衡，种子营销很大程度上受行政干预，市场机制运转不灵；四是育种技术、加工技术和种子贸易技术落后，因此难以形成核心竞争力；五是在品种开发和培育方面，基本由国家买单，企业投入较少，因此品种培育创新乏力、资金不足且到位困难，科研投入较少。

从上述关于农户购种行为影响因素的研究可以看出，农户的理性行为主要是受以下几类因素影响：一是农户个人特征变量，如年龄、教育水平等；二是技术诱导因素，包括家庭收入水平、耕地禀赋、劳动禀赋等；三是风险变量，如市场风险、自然灾害风险等；四是信息变量，如获取信息的渠道、途径、频率等；五是营销刺激因素（如种子质量、价格、品牌、售后服务）的影响。其中，前四类因素不属于种子产品本身质量和种子公司服务质量范围，第五类因素属于种子整体产品范畴，所涉及的具体因素大都属于产品属性和特征范围，按照特征价值理论，它们直接影响购买者的效用因而决定产品的价值。

1.6　本章小结

1）经济学价值理论、劳动价值论、效用价值理论和顾客价值理论是价值研究的主要理论与方法，但研究视角和侧重点有所不同。

经济学价值理论最终是要解决现实经济生活中商品价格的运动规律问题。马克思在其劳动价值论中分三步解释了现实经济生活中价格运动规律。首先，解释商品为什么有价值，这是因为在千差万别的商品中凝结着无差别的人类劳动；其次，解释商品相互交换的内在比例，这是因为劳动的共存性（存在于每一种商品中）和可通约性（量相等即可交换）；最后，解释价格与价值的偏离现象，这是由于价格虽由价值决定但还要受供求的影响而变动。

效用价值论注重对人类福利和商品效用的关系研究，认为价值取决于人们所感知的产品的效用以及稀缺性。边际效用价值论以理性经济人和资源稀缺性为前提，以效用最大化为目标，研究现有生产条件下的资源配置问题。在微观层次，通过对个人消费者、单个厂商的行为分析，寻求单个产品市场的均衡问题。

顾客价值理论从经济、行为和心理的综合视角探讨了顾客价值的形成与内涵，认为价值决定于顾客对产品属性的功效所感知的偏好与评价，企业的竞争优势就在于为顾客创造价值，而且这一价值要得到顾客的认可和承认。顾客价值理论的重要意义在于明确了以顾客为导向的思想。

2）上述价值理论对本书种子价值问题的研究提供了理论支撑。第一，经济学价值理论对商品效用、价值和价格的关系所做的分析为本书对种子商品价值内涵的界定和表现形式的选择提供了基本思路；第二，劳动价值理论、顾客价值理论关于商品价值形成及构成的研究为本书对油菜种子价值要素进行探测并分析其价值构成提供了理论依据；第三，效用价值理论和顾客价值理论对价值特点及价值驱动力的研究为本书从农户角度研究种子商品价值及构成提供很好的参考。

3）农户行为理论和农户购种行为影响因素的研究为提炼油菜种子价值要素提供了基本思路。

第 2 章
商品价值研究的主要方法

由于目前还没有系统研究种子商品价值的文献，因此，很难发现直接用于研究种子商品价值的规范方法，但用于研究一般产品和资源价值及消费者偏好的方法可以被借鉴，这些方法主要有联合分析法、特征价格法和条件价值法等。

2.1 联合分析法

2.1.1 联合分析法的产生及发展

联合分析法（conjoint analysis）的产生得益于市场营销学和消费者行为学的迅速发展（孙祥等，2005）。在消费者行为和市场营销研究中经常遇到的一个问题是：一件产品通常拥有许多属性如价格、颜色、款式以及产品的特有功能等，那么在这些特性之中，每个属性对消费者的重要程度如何？在同样的（机会）成本下，产品具有哪些特性最能赢得消费者满意？传统的市场研究方法往往只能做定性研究，而难以做出定量的回答（杨颖，2003）。同时，传统的调查方法让受访者对每个属性进行评估，这在产品种类繁多的市场里解决上述问题将是一个庞大的工程，时间上、资金上的花费都很大，受访者面对如此繁多的问题做出的回答，其可靠性也会降低。因此，迫切需要一种能够将各种属性整合进行评估同时又能分解测定各个属性重要性的方法。

联合分析的思想最早由心理学家 Luce 和统计学家 Tukey 于 1964 年提出，1972 年 Green，Wind 和 Jain 将其应用于商业领域并取得了较好的效果（P. Green et al.，1978）。对联合分析方法的详细介绍是 Green 和 Rao（1971）及 Green 和 Wind（1975）。此后，大量处理有关算法和应用的文章开始出现（Green et al.，1972；Srinivasan et al.，1973；Johnson，1974，1991）。消费者偏好的多指标模拟的理论也在 Fishbein-Rosenberg 的等级期望值模型和消费者选择的新经济理论里被提出（Lancaster，1971；Ratchford，1975）。Wilkie 和 Pessmier（1973）提出，期望值模型引出了组合的方法，在这种方法里，一些多特征目标的总效用由目标的特征水平与其相应的效用值排序加权总和得到。联合分析法是基于分解的方法，通过分析受访者对一系列总的轮廓描述的反应来分解出单个特征的效用值（杨颖，2003）。

20世纪80年代，联合分析发展到了混合型联合分析，以Sawtooth公司1985年推出的一系列联合分析软件为代表，如自适应联合分析（adaptive conjoint analysis，ACA）此后又推出全轮廓联合分析（conjoint value analysis，CVA），以选择为基础的联合分析（choice-based conjoint，CBC）（杨颖，2003）。

为降低调查分析成本，一些研究者建议在不影响预期的准确性水平下，减少受访者和每个受访者的选择数目。例如，Buch等（1994）提出统计上有效的主效应设计。Anderson和Wiley（1992）、Lazari和Anderson（1994）提出统计上有效的交互影响设计。Kuhfeld等（1994）展示了通过计算机调查为一些巨大的、复杂的问题找到最优的设计（杨颖，2003）。

联合分析法从产生到现在尽管只有短短几十年的历史，但发展迅速、应用广泛，受到人们的普遍重视。目前联合分析除运用于消费者和一般消费品范围外，还广泛运用于旅游、娱乐、保健、博彩、复杂产品与系统、法律诉讼等诸多领域。

2.1.2 联合分析法的基本思想

联合分析也称为结合分析，从字面意义来看，联合分析意味着对结合效应的评价（杨颖，2003）。其基本思想是，通过提供给消费者以不同的属性水平组合形成的一系列产品轮廓（product profile），并请消费者做出心理判断，按其意愿程度给产品组合打分、排序，然后采用分解的办法计算对各个属性的偏好参数，以此研究消费者的选择行为。联合分析得以采用的基本假设前提是，某种产品或服务是由一系列的基本属性（如质量、方便程度、价格）以及产品的专有属性（如电脑的CPU速度、说明书的详尽等）所组成的，消费者的抉择过程是对产品的多个属性进行综合考虑后进行的，而且他们往往要在满足一些要求的前提下，牺牲部分其他属性，是一种对属性的权衡（孙祥等，2005），这种权衡取决于他们对各种属性的看重程度。

2.1.3 联合分析应用的基本步骤

杨颖（2003）将联合分析应用的基本步骤归纳为以下几点。
（1）确定产品或服务的属性与属性水平
联合分析首先要对产品或服务的属性和属性水平进行识别，所确定产品或服务的属性应该是影响消费者喜好的突出属性，属性的确定可从文献中取得，同时也可以通过向生产者和消费者进行调查得到。属性确定后，还应该确定这些属性恰当的水平。从理想的角度讲，应该尽可能将影响消费者喜好的所有属性和各个属性可能的水平都罗列出来，但如果这样，要求被调查者评价的产品轮廓就会很多，分析过程中要进行估计的参数也会过多。为减轻被调查者的负担，同时又使参数估计保证一定的精度，这就需要限制属性和属性水平的个数。

（2）形成产品轮廓

联合分析将产品的所有属性与属性水平通盘考虑，并采用正交设计的方法将这些属性与属性的不同水平进行组合，生成一系列虚拟产品即产品轮廓。在实际应用中，通常每一种虚拟产品被分别描述在一张卡片上。联合分析的产品模拟主要有两大类方法：配对法（pairwise）和全轮廓法（full-profile）。

（3）数据收集

将形成的产品轮廓用文字、图片或者实物模型方式表达出来，请被调查者对每一种产品轮廓进行排序、评分以调查消费者对虚拟产品的喜好、购买的可能性等。

（4）计算属性的效用

从收集的信息中分离出消费者对每一属性以及属性水平的偏好值，这些偏好值也就是该属性的"效用"。计算属性的模型和方法一般采用最小二乘法回归（OLS）模型、多元方差分析（MONANOVA）模型及逻辑斯谛回归（LOGIT）模型等。

（5）估计和验证

即对结果的信度和效度进行评价，以评价在消费者个体层次和消费者群体层次上联合分析模型的正确性。评价结果的信度和效度的常用方法有：

1）评价估计模型的拟合优度（goodness of fit）。例如，如果采用的是哑变量回归，那么可以用 R^2 的值来说明模型对数据的拟合程度。

2）用检验–再检验法（test-retest）来评价信度（reliability），即在调查的后一阶段，让消费者重新评价某些选用的产品模拟，然后计算两组产品模拟分值之间的相关性来评价信度。

3）用估计出来的分值函数作为对产品模拟的评价的预测值，计算该预测值与消费者的实际评估值之间的相关，用以确定内部效度。

（6）解释与应用

解释与应用包括对联合分析的结果进行解释，分析消费者对各个属性的偏好；利用效用值预测消费者将如何在不同产品中进行选择，根据不同的消费偏好对消费者进行市场细分，预测现有产品发生变动带来的影响，对新产品的上市进行指导。

联合分析法尽管是对消费者偏好进行分析的方法，但考虑到产品属性是影响消费者对产品轮廓价值判断的直接因素，因此，消费者对各个属性效用值大小的判断（即偏好）可以在一定程度上代表他们对各个属性价值大小的认知，因此，本文采用联合分析法对基于农户角度的种子价值构成进行分析。

2.2　特征价格法

特征价格分析（hedonic price analysis）的概念，最早源于 Waugh（1928）将其应用于农业经济领域中分析蔬菜品质因素在同一时间对价格的影响。随后Court（1939）也将此概念用以研究汽车属性与价格。但成熟的特征价格法以Lancaster（1966）和 Rosen（1974）提出的特征价值理论为基础。该理论认为，产品本身对消费者并不会产生直接效用，消费者之所以购买产品是因为能通过消费产品的各种特征来获得效用的满足。因此，商品的价值由商品内在一系列特征（characteristic）与属性（attribute）的价值所决定。而且，不同的消费者对产品属性的需求不同，因此对产品属性的重要性程度评价也不同。为此，分析产品的价值，了解消费者对特征属性不一的差异性产品（differentiated products）的特征或属性的评价时，应以产品特征为研究对象，直接分析消费者对不同商品特征组合的选择。该理论在产生和发展中，形成了两种既相互联系又有所区别的理论观点和对应的分析方法。

2.2.1　特征消费理论

特征消费理论（Lancaster，1966；刘雅莉，2001；蔡银莺，2007）从新古典经济学的消费者理论拓展而来，是对传统消费理论的突破。传统的消费理论认为消费者之所以购买产品，是因为产品本身能为消费者带来效用，产品数量直接决定效用。因此，传统消费理论以产品为分析对象，以商品数量作为效用函数的标的。

随着对消费者行为认识的深化，研究者对传统消费理论提出了质疑。Houthakker（1952）指出，消费者的购买行为并非完全遵循传统消费理论，他们在购买和消费时，并非仅考虑商品的数量，也考虑商品的质量或其他特征。Becker（1965）提出"家庭生产理论"，认为许多商品购买后并不能直接消费，而需经过家庭某一生产过程才能真正被消费。家庭生产理论就类似厂商的生产函数。按照这一理论，市场上的产品，皆是消费者生产所需产品的要素投入，也就是说消费者对市场产品的需求是一种引申性需求，此概念是对传统消费理论的一大突破。

在借鉴前人关于消费理论研究结论的基础上，1966 年，Lancaster 提出了"特征消费理论"（hedonic consumption theory），认为商品本身对消费者而言，并不直接产生效用，消费者经由消费商品的各项特征而获得满足，效用与商品数量需求间的关系是间接的，商品只是使消费者获得该商品特征的工具，即消费者对商品的需求是延伸需求。消费者之所以购买特定产品是因为该产品具有消费者所需要的特征（characteristics），因此，消费者购买商品时，并不只考虑商品数量的多少，还要考虑商品本身具有的能够满足其需求的特征或属性，追求效用最大的特征数量组合。品质较好的产品，生产者会制定较高的价格，消费者的愿付价值也会比较高。

Lancaster 理论可扩充为 n 种商品和 m 种特征的一般情形。假设同一产品含有的特征成分相同，不同产品间所含有的特征成分并不完全一样，且消费者是由产品所含的特征获取满足。此外，消费者在追求效用最大的同时，其消费选择受消费者收入的限制，即需要满足一定的预算约束限制，则消费者的最佳消费选择模型可表示为

$$\max U = U\ (Z_1,\ Z_2,\ \cdots,\ Z_m)$$

$$\mathrm{s.\,t.}\ Z_i\ =\ \sum_{j=1}^{n} V_{ij}Q_j$$

$$Y\ =\ \sum_{j=1}^{n} P_iQ_j(Q_j \geqslant 0, j = 1, 2, \cdots, n)$$

式中，Z_i 代表消费 n 种商品后所得到的第 i 种特征的数量；V_{ij} 代表每一单位 j 品中所含第 i 种特征的数量；Q_j 代表消费第 j 种商品的数量；P_j 代表第 j 种商品的价格；Y 代表消费者收入。

上述模型表示消费者在商品价格已知、既定的收入约束和消费技术的限制下，如何选择最佳的消费组合 Q_1^*，Q_2^*，$\cdots$，Q_n^*，达到消费效用最大化。

2.2.2 特征价格理论

1974 年 Rosen 完成了具体的特征价格理论整体框架和实证方法的创建。他以消费者效用最大化和生产者利润最大化为目标，从理论上分析了异质产品市场的短期均衡和长期均衡，为特征价格理论的建模、特征价格函数的估计奠定了基础。根据 Rosen 的理论，可以利用多元回归技术等计量经济学方法将产品特征的隐含价格分离出来，分析产品特征的需求，等等。后来众多的学者在 Rosen 的工作基础上，在模型处理技术上进行了完善，并进行了大量的实证研究（林立伟，2003）。

Rosen 分别从消费和生产两个角度探讨市场均衡。下面主要介绍消费角度的产品特征价格和市场均衡的形成。

追求效用最大的消费者在满足预算约束条件下，其效用函数为

$$\max U \ (H, \ Z_1, \ Z_2, \ \cdots, \ Z_m)$$
$$\text{s. t.} \ H + P \ (Z) \ = Y$$

式中，$Z = Z(Z_1, Z_2, \cdots, Z_m)$，$Z_i$ 表示某一产品包含第 i 个特征的数量；$P(Z) = P(Z_1, Z_2, \cdots, Z_m)$，表示消费者和生产者对于一组特征的购买和出售的物品价格指标，H 为其他所有不含 Z_i 特征物品的消费，为简化分析，将 H 的价格假设为 1，Y 则代表所得。通过拉氏函数（Lagrangian Function）求解，得到下式：

$$L = U(H, Z_1, Z_2, \cdots, Z_m) + \lambda[Y - H - P(Z)]$$

令上式一阶导数为 0，则差异性产品特征 Z_i 的边际价格 P_i 为

$$P_i = \frac{\delta U}{\delta Z_i}$$

式中，$i = 1, \ 2, \ 3, \ \cdots, \ m$，分别代表产品的各特征，$1/\lambda$ 为单位效用的价值，$\frac{\delta U}{\delta Z_i}$ 为特征 Z_i 的边际效用。在完全竞争条件市场下，特征差异性的价格为各特征的边际价格 P_i 乘上其特征属性数量 Z_i 的总和：

$$P(Z) \ = \ \sum_{i=1}^{m} P_i(Z_i) \times Z_i$$

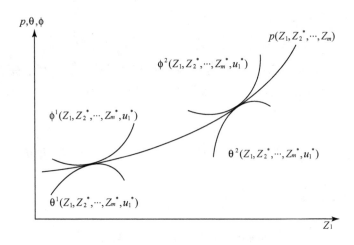

图 2-1　Rosen 特征价格法之市场均衡

资料来源：S. Rosen，1974

　　另外，定义出一个要价函数 $\theta(Z_1, Z_2, \cdots, Z_m; u, y)$，且 $u = U(y - \theta, Z_1, Z_2, \cdots, Z_m)$，这表示在已知的效用下，消费者为得到可以选择的 $(Z_1, Z_2, \cdots, Z_m)$ 特征而愿意支付的数额。当 $\theta(Z^*; u^*, y) \ = \ P(Z^*)$ 和 $\theta_{zi}(Z^*; u^*, y) = P_i(Z^*)$，$i = 1, 2, 3, \cdots, m$ 时，可求解出最优数量的 Z^* 和 u^*。也就是说，特征平面（Z -plane）的最优解产生在 $P(Z)$ 曲线和 $\theta(Z; u^*, y)$ 的切点上（图 2-1）。图 2-1 表示两个不同的购

买者。其中，一位的要价函数为 θ^1，另一位的要价函数为 θ^2，且可看出后者购买了比较多的 Z_i 特征。θ 的斜率随着效用 u 的增加而增加，而且通常收入的提高会得到更高的效用，因此，相对收入较低的消费者，可预期收入较高的消费者会去购买比较多的所有特征。同理，具有类似要价函数的消费者都会购买有类似特征的产品。

2.2.3 特征价格分析法在农产品领域的相关研究

目前，特征价格模型在国外已发展成为一种成熟的研究异质产品价格的方法，在价格指数的编制、房地产价格评估、非市场物品价值评估、推断特征价格和估计特征的市场需求、政府公共政策效果评估等方面得到广泛应用。在农产品相关领域，国外有 Waugh（1928）将其用在多种蔬菜价格于同一时间上的变化研究；Ladd 和 Suvannunt（1976）用于探讨肉类、乳酪、家禽等食物，其所含的共同营养素与每一类产品独有营养素的隐含价格；Espinosa 和 Goodwin（1991）将其用来测量堪萨斯州小麦的特征价格；Tronstad 等（1992）应用该方法分析美国苹果产业；Parker 和 Zilberman（1993）用特征价格法评估加州水蜜桃的运销价差与品质因素的关系；Samikwa 等（1998）则对非洲马拉维的烟叶价格进行评估；McConnell 和 Strand（2000）探讨了夏威夷岛金枪鱼的价格和其特征要素之间的关系。具体情况如表 2-1 所示。

表 2-1　特征价格在农产品领域相关研究（笔者根据相关文献整理）

作　者	时　间	研究项目	特征分类	主要特征变量
Waugh	1928	蔬菜	感观	色泽，直径大小，形状，成熟度
Ladd	1976	肉类，家禽	营养	蛋白质，维生素，糖类，铁，磷等矿物质
Goodwin	1991	小麦	感观	磨粉率，水分含量，麦核大小，麦面稳定度
Huthoefer 等	1992	苹果	感观，品牌	大小，易腐程度，等级，产季，种类，产地
Zilberman	1993	水蜜桃	感观，人口统计	颜色，重量，甜度，切片颜色，平均收入
Samikwa 等	1998	烟叶	感官，时间	种类，时间，质量，颜色，品牌，交易量
McConnell	2000	金枪鱼	感官，营养	鱼的品种，大小，脂肪含量，处理方法

国内一些学者也将特征价格法运用于价格指数编制、产品的价值评估、价格影响因素分析等方面。由于我国农产品市场发育水平较低，交易资料不全，特征价格分析法在该领域的运用很少。在种子产业，尚未见到运用特征值法的相关文献。

由于目前油菜种子市场交易资料不全，本研究对油菜种子的价值构成也没有直接运用特征价值方法。但特征价值理论关于商品效用水平的高低取决于物品所包含的各种特征的数量，这些特征对应各自的隐含价格即特征价格，产品的价格由特征价格构成，特征价格形成产品价格结构等思想在本研究分解种子的总价值，测量各个价值要素的效用并探悉种子的价值构成中得到了借鉴。

2.3　条件价值法

条件价值法（contingent value method，CVM）是一种利用效用最大化原理，通过模拟市场来揭示消费者对环境物品和服务的偏好以推导消费者的支付意愿，从而最终得到公共物品非市场价值的一种研究方法（徐中明等，2002）。其主要做法是，随机抽取部分家庭或居民作为调查样本，以问卷调查形式向受访者询问一系列的假设问题，诱导受访者陈述其对环境、物品和服务的偏好及评价，引出受访者对某项环境、物品和服务改善后的支付意愿（willingness to pay，WTP）或者对环境、物品和服务质量下降的受偿意愿（willingness to accept，WTA）。条件价值法广泛运用于测量资源、环境等公共物品的非市场价值，同时，也可借用这一方法测量顾客对一些私人产品和服务质量假想的改进状态的支付意愿。

2.3.1　条件价值法的经济学原理

条件价值法运用的基本经济学前提是，在满足一定的约束条件下，个人总是基于效用或福利的最大化做出选择（曹辉等，2002；薛达元，2000；乔荣锋等，2006；崔丽娟等，2006；王瑞雪，2005）。经济学对由于自然资源等公共物品供给变化所引发的个人福利变化一般有五种计量方法：普通消费者剩余、补偿变化、等价变化、补偿剩余和等价剩余。普通消费者剩余分析以个人收入不变而非个人效用不变为约束条件，分析价格变动后福利的变化情况：Hicks（1946）把消费者剩余的度量尺度分为补偿变化（compensating variation，CV）和等价变化（equivalent variation，EV）两种，Hicks消费者剩余分析中剔除了由于价格变动带来的收入影响，能够更加准确地表达出福利的变动情况，因此，在CVM分析中常常以Hicks消费者剩余取代普通消费者剩余来分析个人福利变化，计算公共物品的价值。

假设个人对市场商品和公共物品具有某种消费偏好，且个人能够对其福利状况做出准确判断。则消费者个人效用函数可由下列模型表示：

$$U = U\ (X,\ E) \tag{2-1}$$

$$Y = PX \tag{2-2}$$

式（2-1）为效用函数，式（2-2）为约束条件。式中，X 是市场商品的数量，E 为公共物品数量，P 为市场商品价格，Y 是个人收入。

在式（2-2）条件限制下求极值，可以解出 X_a（x_1，x_2，x_3，$\cdots$，x_n），X 满足个人效用最大，x_i 表示第 i 种市场商品数量，数学表达式为

$$x_i = H_i \ (P, \ E, \ Y) \tag{2-3}$$

令间接效用函数为 V，此时个人效用函数可以表达为：

$$U = U \ [H \ (P, \ E, \ Y), \ E] = V \ (P, \ E, \ Y) \tag{2-4}$$

根据公共物品的产权性质，可以分别选择最大支付意愿（WTP）或最小受偿意愿（WTA）两种不同方式计算非市场物品的价值。

2.2.3.1 当个人不拥有公共物品产权时

现假设向量 E 中某一分量 e_i 由 e_i^0 转变为 e_i^1，且 $e_i^1 > e_i^0$，则公共物品禀赋会由 E_0 提高到 E_1，个人效用函数也会由 $U_0 = Y \ (P, \ E_0, \ Y)$ 转变为 $U_1 = Y \ (P, \ E_1, \ Y)$，个人的福利因此得到改进。

按效用最大化原理，有：

$$V \ (P, \ E_1, \ Y - C) = V \ (P, \ E_0, \ Y) \tag{2-5}$$

式中，C 为保持个人福利状况不变时个人需要支付的最大货币额。

公共物品禀赋由 E_0 提高到 E_1 对应增加的总价值可以由公式（2-6）计算得出：

$$\text{Valuation} = \sum_{i=1}^{n} C_i = \sum_{i=1}^{n} \text{WTP}_i \sum_{i=1}^{n} G_i \tag{2-6}$$

式中，C_i 为第 i 个消费者的 Hicks 补偿变化，表示当公共物品禀赋发生改变后，保持个人福利状况不发生改变条件下个人需要支付的最大货币额。式（2-6）的经济学含义为：公共物品质量改进所对应的经济价值等于所有福利受到影响的个人最大支付意愿（WTP）的累加。

2.2.3.2 当个人拥有公共物品产权时

假设向量 E 中某一分量 e_i 由 e_i^0 提高到 e_i^1，则公共物品禀赋将由 E_0 提高到 E_1，同时，个人的效用函数也将由 $U_0 = Y \ (P, \ E_0, \ Y)$ 转变为 $U_1 = Y \ (P, \ E_1, \ Y)$。由于个人拥有公共物品的产权，他们有权利得到这一福利的改进。要使个人放弃由 Δe_i 带来的福利改善，就必须对他们进行相应的经济补偿。

按效用最大化原理，同样有：

$$V \ (P, \ E_1, \ Y) = V \ (P, \ E_0, \ Y + G) \tag{2-7}$$

式中，G 为维持个人福利水平不变时消费者期望得到的最小货币补偿额。

公共物品禀赋由 E_0 提高到 E_1 时对应的总价值变化可以由式（2-8）计算

得出:

$$\text{Valuation} = \sum_{i=1}^{n} G_i = \sum_{i=1}^{n} \text{WTA}_i \qquad (2\text{-}8)$$

式中, G_i 表示第 i 个消费者要得到的最小的受偿意愿（WTA）, 是维持个人的福利水平不降低需要接受的最小货币金额。式（2-8）的经济学含义为：公共物品质量由 E_0 转变为 E_1 所对应的经济价值为受影响区域内所有人的最小受偿意愿（WTA）的累加。

2.3.2　条件价值法的研究进展

1947 年, 资源经济学家 Ciriacy-Wantrup 在其博士论文中首先提出 CVM 的基本思想。认为公共物品的价值可以通过直接询问受访者的支付意愿来计算。1952 年, 作者在其极富影响力的专著 *Resource Conservation：Economics and Policies* 中再次阐述了 CVM 的基本原理, 并积极倡导把这一方法应用于实践。美国经济学家 K. Davis（1963）首次把 CVM 思想应用到狩猎娱乐价值评估实践中, 并且以旅行成本法对其测算结果做了检验和比较研究。随后, Randall 等（1974）进一步分析了条件价值评估法的原理和特性, 从此, 该方法逐渐地被广泛用于评估自然资源的休憩娱乐、狩猎和美学等方面的经济价值（Mitchell et al.，1989）。但直到 20 世纪 80 年代后, 条件价值法理论方法与应用研究才得以快速发展。在此之前, CVM 理论方法的探讨和争论主要局限于学术界。普遍认为, 80 年代后美国国会颁布的两部法律和发生在阿拉斯加震惊世界的灾难性石油泄漏事件引起了政府部门、法律界、商界财团甚至普通民众对 CVM 的争论和广泛关注。为了论证 CVM 方法的科学性, 美国国家海洋与大气管理局（NOAA）委托诺贝尔经济学奖得主 Arrow 和 Solow, 会同其他四位知名专家组成 Blue Ribbon 评议委员会, 对 CVM 的可靠性和科学性进行权威测评。经过论证, 该委员会认为, "虽然 CVM 确实存在许多尚待完善的地方, 但是在极其严格的限定条件和预防措施下, CVM 不失为一种可行的评估非市场价值的重要方法, 能够为政府部门公共事业投资决策提供可靠的依据"。此后, 条件价值法正式成为西方发达国家评价非市场环境物品与资源经济价值的主流评估方法。据 Mitchell 等（1989）统计, 从 20 世纪 60 年代初到 20 世纪 80 年代末的 20 余年里, 公开发表的 CVM 研究案例仅有 120 例（张志强等, 2002）; 而 T. A. Cameron（2001）的统计表明, 仅 1990 年以来用 CVM 方法评估非市场资源价值的文献达 500 多篇。陈琳等（2006）对国内外条件价值法在生态系统各项服务功能评价中的应用案例进行了归纳（表 2-2、表 2-3）。

表 2-2　国外 CVM 在生态系统各项服务功能评价中的应用案例

服务类型	作　者	案　例	估　值
生态系统服务功能（8例）	Thomas 等	岸边带生态系统服务循环功能的居民支付意愿评估	1.54 美元/（户·月）（支付卡式）2.35 美元/（户·月）（两分式）
	Beng H 等	斯里兰卡 20a 珊瑚礁生态系统服务功能价值评估	140 000 ~ 750 000 美元/平方公里
	Costanza 等	全球生态系统服务功能价值评估	33 万亿美元/a
	Adger 等	墨西哥森林生态系统服务功能价值评估	80 美元/（公顷·a）
	Gxby 等	全球热带森林非木材产品经济价值评估	50 美元/（公顷·a）
	Kealy 和 Truner	美国 Adiuondack 地区水生系统保护价值评估	12 ~ 18 美元
	Sllbeman 等	美国新泽西州海滩生态系统保护价值评估	9.26 ~ 15.1 美元
	Mo Clclland 等	美国地下水生态系统保护价值评估	7 ~ 22 美元/人
自然生境价值评估（平均 WIP 为每户估值）（6例）	CFIE	ACT 珍稀物种生境保护价值评估	24 美元/a
	Nunes	葡萄牙野生生境保护价值评估	40 ~ 51 美元
	Kramer	美国民民对热带雨林再增加 5% 的支付意愿评估	21 ~ 31 美元
	Wicstra	荷兰生态农业区保护价值评估	35 荷兰盾
	Richer	美国加利福尼亚州沙漠保护价值评估	101 美元
	Brouwcr	荷兰泥炭草地保护价值评估	28 ~ 72 荷兰盾

服务类型	作者	案例	估值
物种保护价值评估（平均 WIP 为每户每年估值）	Ranjith 等	斯里兰卡对亚洲大象保护的支付意愿评估	12.96 美元
	Douglas 等	苏格兰对野鸭保护的价值评估	0.46 亿英镑（总额）
	Giraud 等	美国 Steller 海狮保护的价值评估	61.13 美元
	Jakobsson 等	澳大利亚负鼠保护的价值评估	29 澳元
	Stevens 等	马塞诸塞州大西洋鲑鱼保护的价值评估	14.3～21.4 美元
	Loomis 等	美国所有珍稀濒危物种保护的价值评估	25.19 美元
	Boman 等	瑞典关于狼保护的价值评估	900 瑞典克朗
旅游、户外娱乐价值评估（5 例）	Peter 等	南非四个国家公园对 Lycaon pictus（野狗）的旅游价值评估	13 838 美元（Kruger、Pilanesberg）24 274 美元（Djuma）4 美元（Ngala）
	Chasc 等	哥斯达黎加 Manuel 国家公园娱乐价值评估	24.9 美元/（人·a）
	Navrud 等	肯尼亚 Lakc Nakuru 国家公园野生动物观光游览价值评估	0.075 亿～0.15 亿美元/a
	Clayton 等	美国麦克尼尔河野生动物观光旅游价值评估	228～227 美元/人
	Bkwn 等	肯尼亚大象的旅游观光价值评估	0.25 亿～0.3 亿美元/人
医疗卫生（3 例）	Awad 等	巴勒斯坦患者对医疗质量提高的支付意愿研究	8.24 美元
	Roy 等	四地居民对降低健康风险的支付意愿研究	新西兰：10.1 美元 苏格兰：10.1 美元 英格兰：9.1 美元 葡萄牙：4.5 美元
	Dan 等	患者对治疗冠状动脉硬化的支付意愿调查研究	10% 治愈可能：273 美元 20% 治愈可能：366 美元 30% 治愈可能：1162 美元

资料来源：陈琳等，2006

CVM 在国内的研究起步相对较晚，20 世纪 80 年代才从西方国家引入了 CVM 的基本概念，直至 20 世纪末条件价值评估法的研究仍主要集中在对理论探讨及国外最新研究的介绍。目前关于条件价值评估法的研究与运用仍处于起步阶段，但发展十分迅速，涉及生态系统功能恢复价值评估、耕地资源非市场价值、旅游资源、野生动物资源、大气、水、医疗卫生等多个领域（陈琳等，2006）。

表 2-3　我国 CVM 在生态系统各项服务功能评价中的应用案例

类　别	作　者	案　例	评估结果
生态系统服务功能（8例）	张志强等	黑河流域张掖市生态系统服务恢复价值评估	7094.36×万元（单边界两分式） 7946.66×万元（双边界两分式）
	赵军等	上海城市内河生态系统服务功能评估	3.014 亿~5.262 亿元/a
	徐慧等	喜鸟落坪自然保护区非使用价值的评估	198 039.4 万元/a
	徐中民等	额济纳旗生态系统服务恢复价值评估	1.224×亿元（开放式） 1.000×亿元（支付卡式） 3.674×亿元（两分式）
	刘岩等	滇池流域农业非点源污染治理技术的居民支付意愿评估	村镇生活污水处理技术：41 元/（户·a） 农业固体废物资源化处理技术：37 元/（户·a）
	张志强等	黑河流域张掖市生态系统服务恢复价值评估	1.13×亿元/5a
	辛琨等	盘锦地区湿地生态系统服务功能价值评估	62.13 亿元
	徐中民等[*]	恢复额济纳旗生态系统的总经济价值评估	2.94×亿元
森林（4 例）	曹建华等	江西省遂川县森林保护居民支付意愿评价	822 元/户
	曹辉等	福州国家森林公园游客支付意愿	37.71 元/（人·a）
	钟全林等	井冈山林区生态林价值补偿支付意愿评估	80 元/（人·a）
	薛达元	长白山自然保护区生物多样性价值评价	333 元/（人·a）

类　别	作　者	案　例	评估结果
大　气	杨开忠等	北京大气质量改善的居民支付意愿评价	143 元/（户·a）
水资源	张俊杰等	再生水保护及利用居民支付意愿评价	北京：1.30 元/立方米 佛山：0.54 元/立方米 淄博：1.46 元/立方米
医疗卫生 （4 例）	Kevin 等	对中国消费者非转基因菜油支付意愿的评估	比转基因油高 33% 的额外费用
	张琦等	2002 年河北省正定县农村居民对菌痢疫苗支付意愿的评估	16.03 元/户
	蔡宴朋等	1999 年天津乡镇工业企业大气污染导致人体健康损失估算	9646 万～55 772 万元
	张琳等	内蒙古喀喇沁旗农民合作医疗支付意愿评估	16.15 元/人

＊CVM 不是评价的唯一方法，亦使用其他方法综合评价

资料来源：陈琳等，2006

2.3.3　条件价值评估法的询价方法

条件价值评估法的核心是通过询问被调查者对假想的市场中物品、服务的偏好推断其支付意愿，继而测量物品、服务非市场价值，因此，调查时以何种方式询问被试的支付意愿即询价方式对研究至关重要。蔡银莺（2007）认为目前常用的方式有开放式出价法、封闭式出价法、支付价值卡法、反复式出价法（或逐步出价法）及准逐步竞价法等五种方法。

（1）开放式（open-ended）出价法

在不给予被试相关价格信息的情况下，直接询问受访居民的 WTP 或 WTA。此方法的优点是过程简单、易于回答、节省时间。但可能会因为受访居民内心缺乏评价标准而出现拒答或抗拒性样本。同时可能会因为缺乏参考而产生信息偏差和策略性偏差。

（2）封闭性（close-ended）出价法

在提供给被试单一参考价格情况下，通过询问被试是否同意这一参考价格以探测被试的 WTP 或 WTA。封闭性出价法分为单界二分选择法（single-bounded dichotomous choice method）和双界二分选择法（double-bounded dichotomous choice method）。单界二分选择法是受访居民只需要对随机提供的单一参考价格表示同意或不同意便可，这种方法适合采用邮寄问卷或电话调查的形式。双界二分选择法必须分两次询问受访居民是否愿意支付或接受某个金额，且将被试第一次回答的支付或接受意向作为第二次询问时进行价格调整的参考依据，当被试第一次回答愿意时，则调高金额再次询问；如果第一次回答不愿意时，则调低金额再询问。此方法可以减轻被试回答问题的压力，避免起始点偏差，且答案省时。但可能会出现策略性偏差。

（3）支付卡法（payment card）

向被试提供一系列的参考价格并要求他们在所提供的价格范围内选择，以此探测被试的 WTP 或 WTA。此方法既给被试较多的选择，同时，将价值限定在某一范围内，使受访居民不至于渺茫而无法填写，有助于改善抗拒样本过多的缺点，但也会因此左右了被试最终选定的价格。而且，价格排序和位置安排不同亦可能会造成一定程度的偏差。

（4）反复式出价法或逐步竞价法（iterative bidding/bidding game）

从某一起始价格开始询问被试，如果同意则逐渐调高价格，反之则降低价格。反复几次，直到被试不愿意变更金额为止。这种方法得到被试最大的 WTP 或最小的 WTA 的概率较高，衡量较为准确，而且在反复过程中能使被试完全考虑环境物品的真正价值。而且，采用逐步竞价法时能向被试提供较多关于假想市场的信息，使之更接近于真实的交易市场，从而避免信息偏差和策略性偏差。然而，这种方法也有一些不足之处。一是调查时间长，被试出于尽快结束调查的心理可能会给予敷衍性回答，影响答案的正确性，二是有可能因为调查员起叫价格的大小影响到受访居民的愿付价格。

（5）准逐步竞价法

这种方法是双界二分选择法的改进，在第二次对受访居民询价后，由受访居民填写最大的 WTP，因此是双界二分选择法和开放式出价法的融合。这种方法可以避免开放式出价法拒答率过高的情况以及单界二分选择法偏差过高和双界二分选择法产生"截断效果"的缺点，有节省受访居民填答时间和利于实证工作进行的优点。

2.3.4 条件价值评估法的可能偏差及其处理

条件价值评估法的最大不足，也是最容易让人质疑的是对受访居民偏好意愿的测量是在假想的市场状况，而不是真实的市场状况下进行。因此，调查结果的准确性和真实性可能会受到影响。归纳起来，影响条件价值评估法研究结果准确性和真实性的可能偏差主要有：假想偏差、策略性偏差、起始点偏差和信息偏差等（蔡银莺，2007）。

（1）假想偏差

要求受访居民在假想的市场环境下对非市场财物进行估价，回答者对假想市场问题的回答与他们在真实市场的反应不一样所产生的调查结果与真实结果不一致的偏差。可以通过预调查、设计图文并茂的问卷、采用匿名调查以及"廉价磋商"等方式增加受访居民对假想市场的了解，尽量减少受访居民的回答与真实情况的差距。

（2）策略性偏差

受访居民往往会认为调查结果将会作为政府制定政策的参考依据，基于维护自身利益，在回答时故意说高或说低自己的支付意愿，从而导致策略性偏差的产生（Cummings et al.，1996）。为此，在问卷设计时和调查时尽量将调查的内容和政策的关联区分开，向受访居民说明调查行为与政府无关；或在对调查结果进行分析前，剔除边缘投标（outlying bids）（超过收入 5% ~ 10% 的投标）来得到核心投标值。

（3）起始点偏差

这类偏差通常发生在逐步竞价法中。由于调查员提出的最初投标起点不合理并且最初投标起点影响到受访居民的最终出价时产生的偏差。可以通过预调查确定符合现实的较为合理的投标格式起点值和数值间隔及范围减少或避免起始点偏差的产生。

（4）信息偏差

回答者对问题的背景、条件及内容了解不足而导致的回答与真实准确意愿的差异。因此，在调查中应尽可能给被试提供细节资料，增加提问内容的可信性、准确性和规范性，以降低信息偏差。

本文在探讨油菜种子价值提升空间时运用条件市场价值法测量农户对质量更好的油菜种子支付意愿和支付金额。

第 3 章
商品种子市场特点研究

3.1 种子特点分析

商品的市场需求受到商品自身特性的影响，因此，要分析种子商品的市场需求特点，首先必须了解种子本身的特点。从种子的自然属性看，主要有以下特性（康国光等，2003）。

（1）种子具有生命特性

种子是有生命的商品，是繁衍后代的载体。一方面，其性能的好坏、质量的高低需要较长的时间借助于一定自然力的作用才能显现，在销售时很难看出来。另一方面，各类作物的种子在储存保管运输中，对温度、湿度、水分也有特殊的要求，否则就会失去种性，丧失使用价值。因此，无论是对种子营销渠道的构建，还是对促销策略的选择，都提出了更高的要求。

（2）种子使用的短期实效性和地域限制性

种子的生命特性决定了它只有在适宜的水分、温度等环境条件下，其内在优良性状才能得到正常发挥和显现。由于不同地区、不同季节的气候环境存在差异，因而对种子的使用也有一定的时间与地域限制。错过了播种季节，或者在不适宜的地区销售种子，都会影响种子商品的使用价值。因此，在推销时间的选择、销售区域的划分上都必须考虑这一特点。

（3）种子技术承载的密集性

种子是科技产品，具有较大的潜在价值。随着现代生物技术与农业科学的相互融合与渗透，育成的品种无论在品质、产量、抗性等方面与传统品种比，都有许多大的突破，为提高农作物产量、改善农作物品质等创造了很大的潜力，也为种子使用者提供了更大的价值空间。但种子潜力的发挥和使用价值的实现必须借助于与之配套的栽培技术、管理技术、加工工艺的共同作用。由于不同品种、不同质量的种子，其外在农艺性状十分相似，不易区分，同时内在品质包括发芽率、纯度、水分等在交易发生时并不能立即被检测出来，因而容易导致交易双方的信息不对称。这一特点对种子商品的促销方式、手段以及技术服务等提出了特殊要求。

3.2 商品种子市场供求特点分析

3.2.1 种子市场供应特点

（1）种子生产周期长、风险大

首先，目前大多数种子生产仍然沿用传统农产品生产模式，在露天自然的大田里借助自然力的作用进行生产，整个生产周期一般需几个月甚至一年，期间，任何气候的异常变化以及病虫害的侵袭都可能影响种子生产产量和质量，例如，2009年春季长江中游长时间的低温干旱对当年油菜制种质量和数量产生了严重影响，导致一些区域优质油菜种子供不应求；其次，从种子生产的组织形式看，大多数种子公司都是委托一家一户分散的农户为其代为制种，这可能出现两个问题，一是公司对种子生产中关键环节的有效控制不够，导致质量和产量受到影响，二是制种面积得不到落实或种子收购时出现农户不履行合同将种子私自出售给他人导致公司制种产量减少。因此，相对于工业品生产，种子生产不仅周期长，而且风险大，决定了它不可能根据市场需求变动态势及时调整市场供应数量及种类。

（2）种子供应的短期弹性小，长期弹性大

种子生产一般由种子公司根据对市场的预期在上一年度进行安排，这意味着本年度的种子市场供应量在实际的需求产生之前基本上就确定了。某一年份销售的种子事实上必须在上一个季节生产出来，销售季节来临时根据变动的需求追加种子的生产是不可能的（Bvier et al.，2008）。当需求发生变化导致种子价格变动时，对当期的市场供应量影响不大，种子公司既不可能因为种子价格的提高大幅度增加供应量，也不可能因为种子价格降低大幅度减少供应。尽管可以通过增加或减少种子库存适当调节种子供应量，但种子商品的生物学特性决定种子公司一般不会大量长时间地储存种子，因为储存种子成本大、风险高。因此，种子供应短期缺乏弹性。从长期来看，种子供应又体现出较大的弹性。本年度种子价格的变动会显著影响下一年度种子供应量。当种子价格上涨时，种子公司可能会千方百计扩大制种面积，导致第二年种子供应量大幅增加，当价格下降时，下一年度种子市场供应则可能显著减少。

（3）从供应主体数量及市场控制程度看，我国种业市场兼具完全竞争和垄断竞争特征

从总体看，我国种业呈现出市场高度分散、集中度明显偏低特征（李艳军等，2004）。2000年《种子法》颁布与实施后，我国种子行业从业主体快速增加，形成供给主体多、供给品种杂的格局。以湖北省为例，2009年湖北省注册资本在500万元以上从事主要农作物杂交种子经营的企业有70多家，地市州核发种子经营许可

证 160 家左右（地市州注册的企业只能经营非主要农作物种子），种子经营门店 14000 家左右。从油菜种子市场看，湖北省就有油菜种子供给主体 250 家，代理和零售共有 13500 家，办理油菜种子生产许可证的企业 19 家，而且品种繁多，竞争激烈。1998～2008 年，湖北省审定油菜品种 23 个（见附录 2），通过国家审定的品种 53 个，这些品种大多可在湖北销售（见附录 3）。此外，还有许多非湖北省提供的国审品种甚至一些未经审定的品种也在市场上占有一席之地。

在供给主体数量多的同时，实力强、规模大的企业却很少。2003 年，我国种子企业中注册资本达到或超过 3000 万的只有 0.8%，59.8% 的种子企业的注册资本小于 500 万（李恩普等，2005）。市场占有率状况也显示我国种子市场集中度很低。1997 年，我国种业销售额前 10 名企业的种子销售额占整个市场份额的 4%，前 50 名企业占 8%，2002 年，前 10 名企业的种子销售额占整个市场份额的 10%，前 50 名企业则占 21%，2006 年我国前 10 强种子企业销售额占国内市场份额的 12.6%，尽管这些数字显示我国种子市场的集中度近年来有所提高，但与其他集中度高的行业和国外种子行业比较，仍明显偏低。2000 年，世界种业前 10 强企业销售额占全球种子市场销售额的 24%，而我国种业前 10 强企业销售额同期只占全球种子市场销售额的 0.8%。2002 年，我国种业销售额前 50 名企业的销售额约 50 亿元人民币，而 2000 年，美国先锋公司和孟山都集团的销售额就分别达 19.9 亿美元和 17 亿美元，折合人民币约为 165.17 亿元和 141.1 亿元。也就是说，早在 2000 年，美国两大种子集团的销售额就分别相当于我国种业销售额前 50 名企业 2002 年销售额总和的 3.3 倍和 2.8 倍。2007 年，世界种业前 10 强市场占有率达到 67%。可见，我国种业目前还没有形成很强的垄断势力。

从个别品种看，又表现为不同程度的垄断性。由于种子本身的技术特性，少数种子公司在一定区域和时间内对一些品种的生产经营具有一定垄断性。这一点突出表现在杂交种子的生产经营上。例如，在长江中游推广面积较大的油菜种子华油杂 6 号、华油杂 9 号分别是由双低甘蓝型油菜细胞质雄性不育系 8086A、986A 和双低恢复系 7-5 配制出的半冬性甘蓝型杂交种，其父本、母本由武汉联农种业有限责任公司控制，所以，该公司在华油杂 6 号、华油杂 9 号等油菜品种上具有垄断势力。但是，油菜有很多品种，如华杂系列、中油杂系列、秦油系列、皖油系列等，不同品种的油菜种子间存在激烈竞争，任何一个差异化品种的拥有者在营销时都不可能无视其他竞争者。

3.2.2 种子市场需求特点

作为生产资料，种子具有产业用品的特点，但我国农业的小规模生产方式又使得种子需求表现出消费品的一些特征。

（1）需求的派生性

种子作为一种生产要素，与消费品的需求不同。消费者购买消费品，是为了直接满足自己的吃、穿、住、行等，是一种直接需求，但厂商购买生产要素不是为了满足自己直接需要，而是为了通过生产和出售产品获得收益。因此，厂商购买生产要素的效用，取决于该生产要素增加生产的能力和消费者对其所生产产品的需求，是一种派生需求或引致需求。农民购买种子同样如此，他们对种子的需求主要取决于消费者对农产品的需求、农产品的市场价格以及种子的增产潜力，因为这几方面直接决定种子的效用。在预期生产的农产品能够全部出售的前提下，对种子效用的衡量就是它能增加多少产量及收益。

（2）需求的分散性

种子作为农业生产资料，与工业生产资料的主要不同在于需求的分散性。工业生产资料的购买者一般为几个大的生产者客户，市场需求相对集中，单位购买量较大。农业生产资料的使用者是千千万万小规模经营的农户，市场需求极其分散。同时，农户经营规模的狭小决定了农业生产资料单位购买量的有限性，使得种子需求总量大，但单位需求量小且高度分散，这一特点直接决定种子营销渠道策略的选择。

（3）需求的差异性

这也是种子作为生产资料，不同于工业生产资料的重要特点。这一特点来源于农业生产本身的特点和我国农业的小规模生产方式。我国地域辽阔，不同区域的气候、土壤、耕作制度及种植习惯均存在差异，即使是同一区域，由于存在众多的小规模农户，不同农户的资源禀赋、种植目的也有差异，因此，对种子的本身的属性如生育期、抗性、增产潜力等以及价格、包装、服务、购买地点的要求都不完全相同。以湖北省油菜种子需求为例，湖北油菜种植区域主要有江汉平原、鄂东和鄂南区域及鄂中北区域，这三大优势区域油菜面积和产量均占全省的85％。各个区域在需求量及对种子特性要求上有一定差异。其中江汉平原不仅油菜种植总面积最大，油菜种子需求总量大，而且油菜移栽面积、户均耕地面积和户均油菜种植面积也高于其他两个区域，该区域农户历来有精耕细作的种植习惯，愿意在农业生产上投入，对高产品种的需求比较强烈，而且对高价位的油菜种子接受度较高。鄂东和鄂南区域人均耕地面积小，农户家庭收入水平较低，由于许多地方属于革命老区，受到政府扶助比较多，相对于江汉平原，农户在油菜种植上投入较少，同时大多采用三熟制，要求早熟抗病低价品种，因此，以常规品种需求为主。鄂中北区域气温偏低，复种指数较低，对品种的抗寒性要求较高，对生育期要求较低，同时，种植油菜以撒播为主，每亩用种量大，因此，要求种子价格较低。即使在同一区域，后茬作物不同，需求也有差异。油菜－棉花轮作的，要求生育期短，成熟早，抗倒伏性强，油菜－水稻轮作的，则对生育期要求不严格；以出售为主的，对出油率没有特殊的要求，而以自家榨油食用为主的，则要求较高的出油率。采取移栽方式的，对产量的要求更高，采取撒播方式的，则可能要求价格较低。同时，受教育程度、油菜种植规模以及家庭经济状况也对油菜种子需求有一定影响。

（4）需求的价格弹性小

受耕地总量的限制，一般而言，作物的播种面积以及由此决定的种子需求量是相对稳定的，也就是说，对于特定作物，其种子需求有一个与其播种面积直接相关的临界容量，一旦种子供应达到这一临界点，即使种子价格下降幅度很大，也不会产生新的需求；同时，为了维持一定的播种面积，即使种子价格提高到一定程度，需求量也不会大幅度减少。

（5）需求的波动性

种子作为生产资料具有的需求派生性决定了农产品价格和需求的一定变化必然会引起种子需求的变动。某一农产品需求增加一定百分比，往往能引起农产品生产资料的需求增加更大的比例，这一现象被称为"加速原理"。前几年，我国油菜籽价格和食用油价格稳中有降，相对种植小麦，农户油菜种植比较效益下降，整个油菜种子市场需求低迷。2006年开始，油菜籽收购价格上扬，食用油价格上升，这直接导致2007年包括湖北省在内的长江流域油菜市场需求快速增加。可见，随着农产品市场价格和需求量的变化，种子市场需求也会相应产生波动。

3.2.3　种子购买行为特点

我国农业生产的小规模家庭经营模式决定农户种子购买行为不同于一般产业用品的购买行为，更多的具有消费品购买行为特征。主要表现在以下方面。

（1）非专家购买

非专家购买是种子购买与其他产品用品采购行为不同的地方。工业品或企业的采购一般是由受过专门训练的采购人员进行的，他们一般对所要采购的产品及提供这些产品的供应商有比较系统全面的了解，同时，采购中会严格遵守组织的采购计划，较少随意性。农作物种子虽然也是产业用品，但由于我国农业采用小规模农户分散生产经营方式，因而，他们对农业生产资料包括种子的采购行为很难做到专家型购买。一方面，由于生产规模小，不可能有专门的采购人员或者采购部门，另一方面，农民本身受教育程度有限，对种子信息的收集、分析和甄别能力有限，因此，在购买决策时不可能对种子及其供应商的信息有较为全面系统的了解，购买时存在严重的信息不对称。

（2）购买的随意性较大

农户购买种子行为既是生产决策行为，也是家庭开支行为，不像工业企业，有严格的采购计划、预算和采购商品目录，买什么品牌的种子，花多少钱买种子，完全由种子购买者自己决定；另外，农民品牌意识较弱，经常会受到外界的影响临时改变购买取向。在现实中经常出现这一情况，农民到乡镇零售店本来打算购买某一品牌的种子，当销售人员大肆宣传另一种品牌的种子时，他们很可能改变计划，转而购买零售商推荐的种子。

（3）在新品种的试种和采用上比较谨慎

商品种子的生产资料属性决定农户不可能很快接受新品种或大面积种植他们所不熟悉的种子，因为一旦新品种表现不好，损失的不仅是购买种子的成本，而且可能是一年的收成。因此，新品种上市后，尽管部分农户愿意试种，但多数农户持观望态度，只有当他们认为新品种确实表现优秀时，才会接受和采用新品种，所以，新品种的推广往往需要一定的时间。

（4）求实求廉与对价格的不敏感同时并存

一方面，农民务实求廉的行为习惯使得他们购种时，当对品种不熟悉时可能会关注种子的价格，或者要求种子经营者给予优惠，在乡镇种子销售网点，经常出现这样的现象，农民购买种子时，会要求销售点赠送一袋价格低廉的微肥，这一要求是否得到满足对农户购买行为影响很大。另一方面，当农户认为某个品种确实优秀，能够给他们带来效益时，即使价格明显高于其他品种，他们也愿意购买。这既与种子的生产资料特性有关，同时，也可能因为农户购买种子的成本占其生产总成本的比例较小，而且大多数农户生产规模小，用种量不大，即使种子价格高一点，其总支出也不会增加很多。

3.3　商品种子价值特点分析

本文主要从顾客价值角度将种子价值界定为"某一品牌的种子给农户带来的整体利益或农户感知的种子整体产品的效用"，从这一角度讲，种子价值具有顾客价值的一般特点如主观性、层次性、相对性等。但同时，作为具有生命特性的农业生产资料，其顾客价值的表现又与一般产品有所不同。

（1）种子价值更多的表现为理性判断

一般的顾客价值，既包含对所获得的效益与所承受牺牲之间的相对关系，又包含消费者在消费过程中所获得的情绪、体验上的价值。而种子的顾客价值更多的是从理性角度分析产生的。即农户是以效益和成本的比值或差值为评价基础来判断种子的价值的，或者说，种子使用中的再生产潜力直接影响农户对种子的价值判断，当农户认为种植该品种的种子能够大幅度增产、减少劳动量，或者种植收获的农产品市场行情好时，会对种子价值给予较高的评价。这既与种子生产资料的特性有关，同时，也与农户购买种子时追求实惠的心理相关。在调查走访中发现，绝大多数农户持有这样的态度，只要种子质量好，种植后效益高，产品好卖，即使价格贵一点也无所谓；更有甚者表示，对于种子这种特殊的商品而言，无论在经营还是在购买过程中必须坚持一条原则：即质量决定一切。

（2）种子价值的基础性和过程性特征

顾客需求的层次性和对产品效用认知的阶段性决定顾客价值具有层次性。从需求的层次特点看，农户更重视种子的增产潜力、发芽率、抗性等基本属性，因而种子核心产品是种子顾客价值的主要构成要素和主要驱动因素；从价值判断和产品效用认知过程看，农户首先通过种子外观、种子供应者的宣传和以往经验判断种子属性是否满足其需求，达到其期望价值，然后，在种植过程中，通过种子实际使用中表现的结果进一步判断种子是否有助于实现其目标，并以此修订价值判断。很多农户表示，他们购种时到底选择哪一种品牌的种子，主要依据的是往年种植经验或是经亲朋好友的推荐，而亲朋好友推荐的理由也是基于自身种植的实践经验，由此可以看出，商品种子的价值被农户发现和认可需要经历一个过程，部分是通过试种，部分则是通过别人推荐，所以商品种子价值具有过程性和层次性。

（3）种子价值表现的不稳定性

种子购买、使用的不同阶段都会影响农户对种子的价值判断。其中，决定性的因素是种子在种植过程中表现出的性状及给农户带来的收成。作为生命有机体，影响种子性状表现好坏的因素十分复杂，不仅受遗传因素的影响，还受自然因素、种植水平以及遗传因素与自然因素相结合的影响，而且很多因素是不可控的，即使是同样的种子，在不同区域、不同年份和不同的土肥条件下，其性状表现可能会有显著差异。现实生活中经常出现的一种现象就说明了这一点：生产商和经销商坚持认为自己所生产和经营的种子都是优良品种，而且在很多地区通过实地种植效果也还不错，但在某些地区部分农户种植后严重歉收甚至绝收。种子价值表现上的这一特点增加了农户对种子价值判断的难度，同时，也提醒种子生产经营者一方面要尽可能提供表现性状相对稳定的种子，另一方面，销售种子时，通过各种方式，向购种者说明种子的适用区域、气候条件以及田间管理要求。

3.4 本章小结

1）种子的自然属性、种子的生产资料属性和我国农业的小规模生产方式等因素共同影响和形成了我国种子市场供求特点。从供给看，种子市场具有供应周期长、短期弹性小、集中化程度低等农产品供应特点；从需求看，种子市场兼具生产资料和消费品市场需求特点，既表现为需求的延伸性和缺乏弹性，又表现为需求的差异性和分散性；从购买行为看，种子的购买行为不完全同于其他产业用品购买行为，许多方面与消费者市场购买行为相似。

2）种子商品的特点和种子市场需求特点决定了种子价值也有其特性。相对于一般产品的顾客价值，种子价值的动态性和不稳定性更明显，而且种子的生产资料属性以及农户求实求廉的购买行为决定农户更多地从理性角度和基本功能角度判断种子价值。

3）种子价值的特性和种子市场的竞争性要求加强对种子价值问题的研究。从战术角度而言，种子价值研究和测量是顾客价值理论在种子行业应用的前提和基础，它有助于企业精确解读农户价值需求、感受和价值需求发展趋势，指导开发不同层次产品满足农户需求；有效进行市场细分，明确目标市场；准确提取广告主题，激发广告创意。从战略高度而言，种子价值研究和测量的意义在于识别和发展一种通过增强以吸引和保持顾客，从而提升我国种子企业竞争力的公司战略。

第4章
农户购买油菜种子行为影响因素重要性和满意度分析

在根据已有文献研究结论并结合笔者重点访谈体会提炼出可能影响农户购种行为因素的基础上，本章通过设计调查问卷并入户调查，了解农户对相关因素的重视程度和满意度，以期对目前我国油菜种子市场需求倾向及满足状况有一总体把握，同时，为基于农户角度的种子价值要素的提炼提供参考。

4.1 研究设计

4.1.1 影响农户购买种子行为因素的收集

首先，在松滋、监利和江陵三地各组织一次 15 名油菜生产者参加的焦点小组访谈，对受访者选取的要求是，家庭油菜种植面积较大，并且油菜面积占家庭总面积的比例较高，同时是油菜种子购买决策者。其次，采用深度访谈。访谈的目的是取得油菜种植户在购买油菜种子和种植油菜的过程中有可能要考虑的因素，访谈涉及以下问题：①你在购买油菜种子时要考虑的因素有哪些？②你觉得哪些要素对你来说是重要的？③当你对油菜种子进行评价时，你会考虑哪些方面？④你种植油菜过程中的具体经历和想法。

在焦点小组访谈和深度访谈法的基础上，为了避免遗漏影响要素，还查阅了相关的网络资料、图书文献资料等，对取得的购买行为影响因素进行了补充。

4.1.2 问卷设计

调查问卷分为三个部分：

第一部分主要收集受访者的个人信息，包括：性别、年龄、文化程度、家庭耕地面积、油菜种植面积、种植方式和种植目的等。

第二部分主要用于了解农户在购种时对相关因素的重视程度，包括种子增产潜力、发芽率、出油率、抗性、生育期、是否"双低"、品牌信誉、信息服务、技术服务、价格、购买方便以及包装等因素。采用5点 R. A. Likert 尺度进行测量（1表示很不重视，5表示很重视）。

第三部分主要了解农户对目前油菜种子市场上上述因素的满意程度。采用5点 R. A. Likert 尺度进行测量（1表示很不满意，5表示很满意）。

4.1.3 样本选择

本章研究所用数据来自项目组2006年3月对湖北荆州油菜种植农户购种行为的调查。项目组选取了松滋、监利和江陵三个调查点，每个调查点调查100家农户。调查采取调查员直接入户问卷调查的方式。整个调查历时约三周。共发放问卷310份，收回300份，剔除漏答关键信息及出现错误信息的问卷，回收有效问卷285份，回收比例为92%。

4.1.4 调查的实施与控制

为保证调查数据的真实客观，提高问卷的信度和效度，正式调查前，在湖北省江陵县进行了试调查，根据试调查结果对问卷进行了修订。正式调查由经过培训的研究生进行，为保证调查效果，每人每天只调查5份左右，并且对每份问卷的最短调查时间进行控制。

4.2 样本基本信息分析

表4-1 样本的人口统计变量及家庭种植状况

个人特征	类别	人数	百分比/%	个人特征	类别	人数	百分比/%
性别	男	242	84.9	种植方式	移栽	190	66.7
	女	43	15.1		直播	40	14.0
					两者都有	55	19.3
年龄	35岁以下	19	6.7	种植目的	出售	190	66.7
	35~50岁	125	43.9		自用	95	33.3
	50~65岁	119	41.8	耕地面积	5亩以下	116	40.7
	65岁以上	20	7.0		5~10亩	131	46.0
文化程度	未上过学	81	28.4		10亩以上	36	12.6
	小学	96	33.7	油菜面积	5亩以下	212	74.4
	初中	95	33.3		5~10亩	65	22.8
	高中或中专	9	3.2		10亩以上	6	2.1

注：样本基本信息有缺失，在以上计算的比例中以总样本数量为基数，即基数为285份

由表 4-1 可知，受访农民中，绝大多数为男性，占样本总量的 84.9%，这与目前我国农村家庭大部分由成年男性进行生产决策有关。从年龄结构看，35 岁以下比例较少，只有 6.7%，大多数为 35~65 岁，占有 85.7%。整体文化程度偏低，具有初中及以上文化程度的只占样本总量的 36.5%，大多数为小学及以下文化程度。从种植方式看，大部分是移栽。大多数农户种植油菜的目的是用来出售，占 66.7%；一部分农户种植油菜是用于满足家庭食用油消费的需要，占 33.3%。同时，被访农户的家庭生产规模小，40.7% 的家庭耕地面积在 5 亩以下，74.4% 的农户家庭油菜种植面积在 5 亩以下。样本所体现的人口统计变量特征和家庭种植状况与我国目前农村现实基本吻合，因而具有较强代表性。

4.3 影响因素重要性分析

4.3.1 影响因素重要性评价

表 4-2 农户对影响因素的重要性评价

项 目	很不满意		不满意		一 般		满 意		很满意		缺失值	
	频数/人	比例/%	频数/人	比例/%	频数/人	比例/%	频数/人	比例/%	频数/人	比例/%	频数/人	比例/%
产 量	0	0	1	0.4	2	0.70	34	11.9	247	86.6	1	0.4
发芽率	1	0.4	9	3.2	61	21.4	184	64.4	27	9.5	3	1.1
出油率	2	0.7	72	25.2	60	21.1	71	24.9	79	27.7	1	0.4
生育期	0	0	8	2.8	95	33.3	146	51.2	35	12.3	1	0.4
抗 性	1	0.4	2	0.7	22	7.7	165	57.8	94	33.0	1	0.4
品牌信誉	2	0.7	73	25.6	156	54.7	39	13.7	13	4.6	2	0.7
是否"双低"	12	4.2	171	60.0	41	14.4	4	1.4	0	0	57	20.0
信息服务	1	0.4	35	12.3	89	31.2	121	42.4	7	2.5	1	0.4
技术服务	2	0.7	35	12.3	62	21.8	163	57.1	22	7.7	1	0.4
购买方便	12	4.2	103	36.1	105	36.8	62	21.8	2	0.7	1	0.4
价 格	3	1.1	61	21.4	80	28.0	117	41.0	23	8.1	1	0.4
包 装	4	1.4	65	22.8	113	39.6	74	26.0	28	9.8	1	0.4

表 4-2 显示，农户对种子的增产潜力、发芽率、抗性、生育期、信息及技术服务、价格等因素比较重视。其中，认为种子增产潜力重要和很重要农户的占被调查农户的近 99%；对品牌信誉、购买是否方便、是否"双低"以及包装不太看重，其中，认为品牌信誉、购买方便和产品包装不重要和不太重要的农户分别为 81%、77.1% 和 63.8%。值得注意的是，除 60% 以上的农户认为油菜种子是否"双低"不重要外，另外还有 20% 的农户对于是否看重"双低"没有回答，这说明相当一部分农户对"双低"的概念及含义还不明确。

4.3.2　因素重要性之间的自相关分析

表 4-3 反映了因素重要性之间的相关关系。从中可以看出，每个因素与自身的相关系数均为 1，除此之外表格数据还显示了每个因素重要性与其他因素重要性的相关关系，结果发现多个因素重要性之间的相关关系通过了显著性检验。

1）对增产潜力的看重程度与发芽率、抗性、品牌信誉、信息服务、技术服务、购买方便以及包装等因素的看重程度正相关。说明农户对种子的增产潜力越重视，就越关注种子的发芽率是否高，抗性是否强，品牌是否有信誉，信息服务、技术服务是否完善，购买是否方便，包装是否好。尤其是与抗性、信息服务、技术服务相关性更高，在小于 0.001 的水平上显著，这本身反映了一个现实：种子增产潜力发挥的多少直接取决于种子抗性及相关的信息服务、技术服务。

2）对发芽率的重视程度与出油率、生育期、抗性、品牌信誉、是否"双低"、信息服务、技术服务、购买方便、价格以及包装因素的看重程度正相关。说明农户越重视发芽率，就越关注种子的出油率、生育期、抗性、品牌信誉、是否"双低"、信息服务、技术服务、购买方便、价格以及包装。发芽率是反映种子质量的最直接的指标，因而与各种因素都有一定相关性。

3）对出油率的看重程度与是否"双低"、信息服务、技术服务、购买方便、价格、包装等因素的看重程度正相关，且相关系数都很高，在小于 0.001 水平上显著。在调查中发现，农户种植油菜主要有两种目的：一是出售油菜籽获取收入，二是用油菜籽榨油供家庭食用。其中，后者更看重菜籽的出油率，因为出油率的高低直接影响单位菜籽出油的数量。因此可以推论，看重出油率的农户更多的是为了满足家庭吃油的需要种植油菜。既然是供自己家庭消费，除了考虑出油的数量外，当然也要考虑食用油的质量，是否"双低"是反映食用油质量的重要指标，所以，看重出油率，自然也会看重是否"双低"。

4）对生育期的重视程度与对种子抗性的重视程度负相关，与对品牌信誉、是否"双低"、信息服务、购买方便以及包装因素的看重程度正相关。

5）对抗性的重视程度仅与对是否"双低"负相关。

表4-3 因素重要性之间的零序相关矩阵

项 目 (重要程度)	产量(重要程度)	发芽率	出油率	生育期	抗性	品牌信誉	是否"双低"	信息服务	技术服务	购买方便	价格	包装
产量(重要程度)	1											
发芽率	0.179**	1										
出油率	0.115	0.335**	1									
生育期	0.063	0.321**	0.111	1								
抗性	0.293**	0.141*	0.070	-0.144*	1							
品牌信誉	0.117	0.238**	0.029	0.294**	0.048	1						
是否"双低"	-0.055	0.152*	0.258**	0.226**	-0.166*	0.260**	1					
信息服务	0.310**	0.330**	0.440**	0.241**	0.043	0.278**	0.285**	1				
技术服务	0.291**	0.144*	0.378**	0.054	0.089	0.198**	0.119	0.495**	1			
购买方便	0.271**	0.215**	0.413**	0.126*	-0.096	0.087	0.191**	0.513**	0.433**	1		
价格	-0.067	0.198**	0.379**	0.030	-0.023	-0.174**	0.062	0.206**	0.128*	0.266**	1	
包装	0.226**	0.249**	0.384**	0.180**	-0.029	0.204**	0.191**	0.564**	0.275**	0.526**	0.280**	1

* 表示 $P<0.05$（$|T|>1.96$，则在 0.05 的显著性水平上显著）；** 表示 $P<0.01$（$|T|>2.58$，则在 0.01 的显著性水平上显著）

6）对品牌信誉的重视程度与是否"双低"、信息服务、技术服务以及包装因素的看重程度正相关，与对价格的看重程度负相关，说明农户购种决策中，越重视种子及公司的品牌，对价格就越不在意，进一步可以推论出，农户可能愿意以较高的价格购买他们认为是值得信赖的品牌种子。

7）对是否"双低"的重视程度与对信息服务、购买方便和包装的看重程度正相关。说明当农户关注种子是否为"双低"时，同时也会关注信息服务的好坏、购买是否方便以及包装是否好。

8）对信息服务的重视程度与对技术服务、购买方便、价格、包装等因素的看重程度正相关，相关系数均在 0.001 水平上显著。说明农户对信息服务越看重，就越重视技术服务及包装的好坏及价格的合理性。

9）对技术服务的重视程度与对购买方便、价格以及包装因素的看重程度正相关。

10）对购买方便的重视程度与对价格及包装的看重程度正相关。

11）对价格的重视程度与对包装的看重程度正相关。

其中，许多因素的相关性均在 0.05 水平上显著，说明因素之间的自相关性比较高。这本身也反映了一个现实，以上这些因素既直接影响农户种植油菜的产量和经济效益，同时又通过影响其他因素间接影响最终产量和经济效益。值得注意的是，绝大部分因素之间是正相关关系，但是否"双低"分别与产量、抗性负相关，价格分别与产量、抗性和品牌信誉负相关。这是因为在油菜育种中，目标越多，往往难度越大。在高产、高抗性的育种目标中加上优质即"双低"目标无疑比仅以高产、抗性强作为目标难度更大，现实经济生活中，农户也意识到产量高与优质往往不能两全。同时，由于油菜籽收购时不能优质优价，所以导致农户往往注重产量，不一定注重品质。另外，价格之所以分别与产量、抗性和品牌信誉负相关，可能是当农户重视产量、抗性和品牌信誉时，是因为他们认识到具有较大增产潜力、抗性强和较高品牌信誉的种子能为其带来更好的收成，完全可以弥补种子高价格所增加的成本，同时他们也意识到在目前市场上，增产潜力大、抗性强和品牌信誉高的种子一般价格比较高。

4.3.3 人口统计变量、家庭种植状况等与重要性认识的单因素方差分析

（1）年龄与重要性认识的单因素方差分析

方差分析显示，被调查者的年龄显著影响他们对出油率、技术服务、购买方便和包装因素重要性的评价（表4-4）。

表 4-4　年龄与重要性认识的单因素方差分析

指　标	内　容	Sum of Squares	df	Mean Square	F	Sig.
出油率	组间方差	12.164	3	4.055	3.066	0.028
	组内方差	367.641	278	1.322		
	总方差	379.805	281			
技术服务	组间方差	6.660	3	2.220	3.289	0.021
	组内方差	187.624	278	0.675		
	总方差	194.284	281			
购买方便	组间方差	9.013	3	3.004	4.226	0.006
	组内方差	197.643	278	0.711		
	总方差	206.656	281			
包　装	组间方差	9.437	3	3.146	3.575	0.014
	组内方差	244.634	278	0.880		
	总方差	254.071	281			

在图 4-1 ~ 图 4-4 的纵轴数值中,"1"表示"很不重要","2"表示"不重要","3"表示"一般","4"表示"重要","5"表示"很重要",即纵轴数值越高,表示被调查者对该因素的重要性评价越高(本章以下重要性方差分析均值图均相同)。从图 4-1 ~ 图 4-4 可看出,随着年龄的增大,对出油率、购买方便和包装的重要性评价整体呈现出上升趋势、对技术服务重要性评价则整体呈下降趋势。

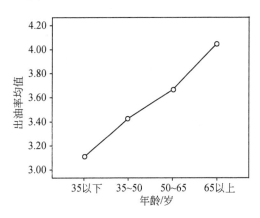

图 4-1　年龄与出油率重要性方差
分析均值图

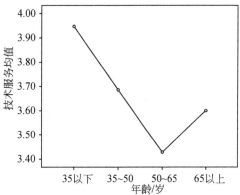

图 4-2　年龄与技术服务重要性方差
分析均值图

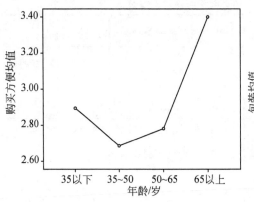

图 4-3　年龄与购买方便重要性方差
　　　　分析均值图

图 4-4　年龄与包装重要性方差
　　　　分析均值图

（2）文化程度与重要性认识的单因素方差分析

方差分析显示，被调查者的文化程度显著影响他们对技术服务和种子包装重要性的评价（表4-5）。

表4-5　文化程度与重要性认识的单因素方差分析

内　容 指　标		Sum of Squares	df	Mean Square	F	Sig.
技术服务	组间方差	7.449	3	2.483	3.722	0.012
	组内方差	184.137	276	0.667		
	总方差	191.586	279			
包　装	组间方差	5.977	3	1.992	2.235	0.084
	组内方差	246.009	276	0.891		
	总方差	251.986	279			

均值图（图4-5）显示，从未上过学到初中，对技术服务的重视程度越来越高，初中文化程度农民对技术服务的重要性评价最高，但具有高中和中专文化程度的农民对技术服务的认知又比初中文化程度的农民低。产生这一结果的可能原因是，未上过学或小学文化程度的农民由于其文化程度很低，可能还认识不到技术服务的重要性，而且处于这一文化程度的农民大部分年纪较大，有较为丰富的种植经验，种植过程中出现的技术问题他们认为凭自己的经验可以解决；具有初中文化程度的农民，其所具备的知识能使他们认识到技术服务的重要性，同时，处于这一文化层次的农民大多年龄较轻，独立从事农业生产的时间相对较短，因此希望各方能多提供技术服务帮助他们解决生产中出现的问题；具有高中及以上文化程度的农民对技术服务重要性认识不高，一方面可能他们认为自己的知识技

油菜主产区的实证分析
油菜种子价值研究——基于长江中游

能足以解决技术问题，同时，也可能与他们本身对油菜生产不够重视有关，因为较高的文化水平让他们有能力选择效益更高的经济活动。

均值图（图4-6）显示，随着文化程度的提高，对包装的重要性评价越来越低。一般认为，文化程度越高，辨析能力越强，目前油菜种子市场上存在过度追求包装的倾向，同时包装袋上关于种子性能的宣传也存在一些夸大其辞的现象，文化程度越高，可能对这种现象看得越清楚，从而对包装重要性的评价就越低。

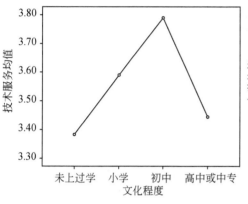

图4-5　文化程度与技术服务重要性方差　　　图4-6　文化程度与包装重要性方差
　　　　分析均值图　　　　　　　　　　　　　　　　分析均值图

（3）种植方式与重要性认识的单因素方差分析

方差分析显示，被调查者家庭油菜种植方式显著影响他们对生育期和是否"双低"两项因素重要性的评价（表4-6）。

表4-6　种植方式与重要性认识的单因素方差分析

指　标	内　容	Sum of Squares	df	Mean Square	F	Sig.
生育期	组间方差	7.516	2	3.758	7.872	0.000（<0.001）
	组内方差	134.146	281	0.477		
	总方差	141.662	283			
是否"双低"	组间方差	2.165	2	1.082	4.004	0.020
	组内方差	60.831	225	0.270		
	总方差	62.996	227			

由均值图4-7可知，从"移栽"到"移栽和直播兼有"再到"直播"，农户对生育期的重要性评价越来越高，直播指播种时直接将种子播在种油菜的地里，移栽是先将种子播在苗床上，待出苗后再移栽到油菜地，因此直播占用油菜地的

时间一般比移栽长，如果生育期长，可能上一茬作物还没有成熟就要收割，或者油菜还没有完全成熟下一茬作物就要播种，势必影响上、下茬作物的收成，因此，采用直播的农户对生育期比较看重。

由图 4-8 可知，采用直播的农户比采用移栽的农户更看重是否"双低"，这一点目前没有合理的解释。

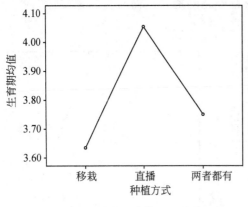

图 4-7　种植方式与生育期重要性认识的
单因素方差分析均值图

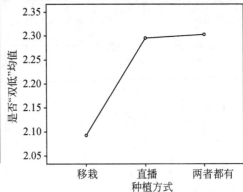

图 4-8　种植方式与是否"双低"重要性
方差分析均值图

（4）种植目的与重要性单因素方差分析

方差分析结果显示，种植目的显著影响农户对产量、信息服务、技术服务和包装的看重程度（表 4-7）。

表 4-7　种植目的与重要性单因素方差分析表

指　标	内　容	Sum of Squares	df	Mean Square	F	Sig.
产量（重要程度）	组间方差	0.878	1	0.878	5.600	0.019
	组内方差	44.203	282	0.157		
	总方差	45.081	283			
信息服务	组间方差	2.357	1	2.357	3.310	0.070
	组内方差	200.836	282	0.712		
	总方差	203.193	283			
技术服务	组间方差	3.392	1	3.392	5.002	0.026
	组内方差	191.228	282	0.678		
	总方差	194.620	283			
包　装	组间方差	2.632	1	2.632	2.935	0.088
	组内方差	252.928	282	0.897		
	总方差	255.560	283			

由图 4-9～图 4-12 可知，为了出售油菜籽而种植油菜的农户比种植油菜供自家榨油的农户更看重产量、信息服务、技术服务和包装。可能的解释是，对于以出售为目的种植油菜的农户，油菜种植活动对其家庭经济收入影响一般比以自用为目的种植油菜的农户大，而且，前者的油菜种植规模一般比后者大，因此，种子的增产潜力是否高、种子供应者的技术服务和信息服务是否到位对其家庭经济收入的影响程度更大，所以他们对这些指标的重要性评价也越高。

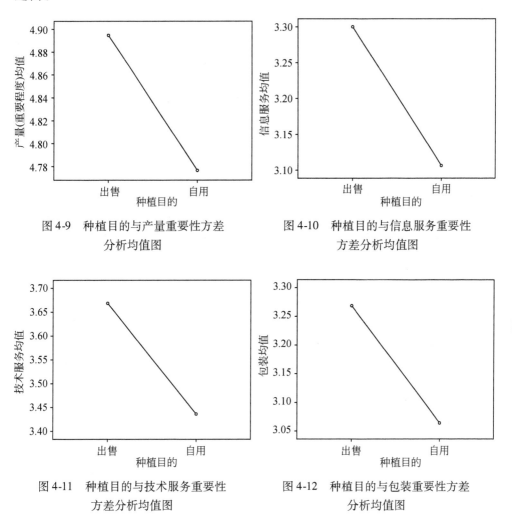

图 4-9　种植目的与产量重要性方差
　　　　分析均值图

图 4-10　种植目的与信息服务重要性
　　　　方差分析均值图

图 4-11　种植目的与技术服务重要性
　　　　方差分析均值图

图 4-12　种植目的与包装重要性方差
　　　　分析均值图

（5）耕地面积与重要性认识的单因素方差分析

方差分析显示，耕地面积大小显著影响农户对技术服务、种子价格、包装的重要性评价（表 4-8）。

表4-8　　耕地面积与重要性单因素方差分析表

指　标	内　容	Sum of Squares	df	Mean Square	F	Sig.
技术服务	组间方差	7.275	1	3.637	5.426	0.005
	组内方差	187.009	279	0.670		
	总方差	194.284	280			
价　格	组间方差	4.389	1	2.195	2.503	0.084
	组内方差	244.607	279	0.877		
	总方差	248.996	280			
包　装	组间方差	4.767	1	2.384	2.668	0.071
	组内方差	249.303	279	0.894		
	总方差	254.070	280			

由图4-13、图4-14可知，随着耕地面积的增加，农户对技术服务和价格的重要性认知越来越高。耕地面积是农业生产规模的重要指标，较之于耕地面积小的农户，种子价格的高低对耕地面积大的农户生产总成本影响更明显，技术服务的好坏则对其种植收益影响幅度较大，因此耕地面积大的农户更看重种子的价格以及技术服务。图4-15显示，随着耕地面积的扩大，农户对包装的重视度却越来越低。这是因为，种子包装的精美化是随着销售包装量由大变小产生的。种子公司考虑到许多地方农户耕地面积小，家庭用种量少，由原来的大包装改为小包装，耕地面积大的农户的用种量多，是否改为小包装以及包装是否精美，对他们而言并不重要。

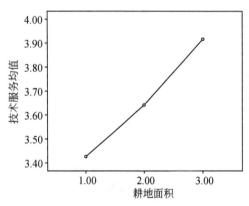

图4-13　耕地面积与技术服务重要性
方差分析均值图
横轴"1.00"表示5亩以下，"2.00"表示
5~10亩，"3.00"表示10亩以上

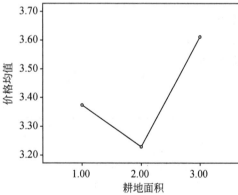

图4-14　耕地面积与价格重要性
方差分析均值图
横轴"1.00"表示5亩以下，"2.00"表示
5~10亩，"3.00"表示10亩以上

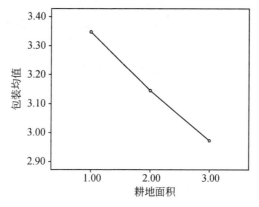

图 4-15　耕地面积与包装重要性方差分析均值图

横轴"1.00"表示 5 亩以下,"2.00"表示 5~10 亩,"3.00"表示 10 亩以上

（6）油菜种植面积与重要性单因素方差分析

较之耕地面积,油菜种植面积更直接反映了油菜生产规模,其对重要性的影响也应该更明显,方差分析结果也证实了这一推论。表 4-9 显示,油菜种植面积

表 4-9　油菜种植面积与重要性单因素方差分析表

指　标	内　容	Sum of Squares	df	Mean Square	F	Sig.
发芽率	组间方差	4.083	2	2.041	4.838	0.009
	组内方差	116.885	277	0.422		
	总方差	120.968	279			
出油率	组间方差	9.947	2	4.973	3.752	0.025
	组内方差	369.858	279	1.326		
	总方差	379.805	281			
信息服务	组间方差	7.632	2	3.816	5.447	0.005
	组内方差	195.450	279	0.701		
	总方差	203.082	281			
技术服务	组间方差	5.760	2	2.880	4.262	0.015
	组内方差	188.524	279	0.676		
	总方差	194.284	281			
价　格	组间方差	9.991	2	4.995	5.831	0.003
	组内方差	239.005	279	0.857		
	总方差	248.996	281			

显著影响农户对种子发芽率、出油率、信息服务、技术服务和价格的重要性评价。如果说油菜种植面积对发芽率和出油率这两个指标的影响趋势不好解释（图4-16，图4-17），图4-18～图4-20则十分明显地说明，随着油菜种植面积不断扩大，农户对信息服务、技术服务和价格的重视度越高。

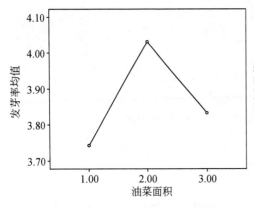

图4-16　油菜种植面积与发芽率重要性
方差分析均值图

横轴"1.00"表示5亩以下，"2.00"表示
5～10亩，"3.00"表示10亩以上

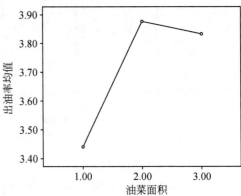

图4-17　油菜种植面积与出油率重要性
方差分析均值图

横轴"1.00"表示5亩以下，"2.00"表示
5～10亩，"3.00"表示10亩以上

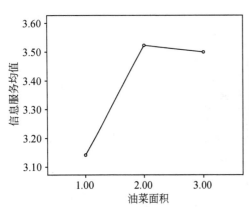

图4-18　油菜种植面积与信息服务重要性
方差分析均值图

横轴"1.00"表示5亩以下，"2.00"表示
5～10亩，"3.00"表示10亩以上

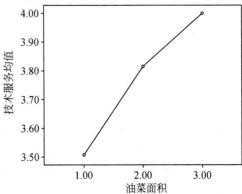

图4-19　油菜种植面积与技术服务重要性
方差分析均值图

横轴"1.00"表示5亩以下，"2.00"表示
5～10亩，"3.00"表示10亩以上

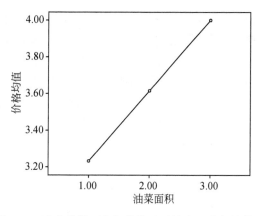

图 4-20 油菜种植面积与价格重要性方差分析均值图

横轴"1.00"表示 5 亩以下,"2.00"表示 5~10 亩,"3.00"表示 10 亩以上

4.4 影响因素满意度分析

4.4.1 农户对影响因素满意度的评价

在对上述因素重要性分析的基础上,进一步分析农户对这些因素的满意度。由表 4-10 可知,与种子质量相关的几个指标中,农户对发芽率、生育期的

表 4-10 农户对各因素的满意度评价

项　目	很不满意		不满意		一　般		满　意		很满意		缺失值	
	频数/人	比例/%	频数/人	比例/%	频数/人	比例/%	频数/人	比例/%	频数/人	比例/%	频数/人	比例/%
产　量	1	0.4	55	19.3	79	27.7	144	50.4	5	1.8	1	0.4
发芽率	2	0.7	13	4.6	30	10.5	220	77.2	18	6.3	2	0.7
出油率	0	0	11	3.9	122	42.8	113	39.6	2	0.7	37	13.0
生育期	0	0	1	0.4	38	13.3	231	81.0	14	4.9	1	0.4
抗　性	0	0	37	13.0	77	27.0	164	57.5	6	2.1	1	0.4
品牌信誉	1	0.4	27	9.5	211	74.0	36	12.6	6	2.1	4	1.4
是否"双低"	0	0	10	3.5	93	32.6	106	37.2	15	5.3	61	21.4
信息服务	0	0	95	33.3	149	52.3	37	13.0	2	0.7	2	0.7
技术服务	4	1.4	146	51.2	95	33.3	36	12.6	2	0.7	2	0.7
购买方便	0	0	18	6.3	15	5.3	53	18.6	198	69.4	1	0.4
价　格	6	2.1	80	28.1	129	45.3	68	23.9	1	0.4	1	0.4
包　装	0	0	7	2.5	125	43.9	148	51.8	4	1.4	1	0.4

满意度最高,大部分农户选择"满意";对种子增产潜力、出油率、抗性的满意度则相对较低,选择满意及很满意的农户约50%,一部分农户选择一般和不满意,这三个指标正是育种的难点及重点。对价格,选择不满意和一般的农户占70%以上。对信息服务和技术服务的满意度最低,对信息服务和技术服务选择"不满意"和"一般"的农户近86%。相反,农户对"购买方便"十分认可,88%的农户选择"满意"和"很满意",这与目前种子经营网点布局多、广有直接关系。与重要性的回答相对应的是,在对油菜品质是否"双低"的满意度评价上,有21.4%的农户选择不回答。这进一步说明农户对"双低"的概念不了解,导致这一状况的原因既与对油菜品质知识的宣传不够有关,更重要的是,由于在油菜籽收购中没有体现优质优价,品质是否低对农户意义不大,因此,农户没有主动了解品质知识的动力。

4.4.2 因素满意度之间的自相关分析

表4-11反映了各个因素满意度之间的相关关系。从中可以看出,每个因素的满意度与自身的相关系数均为1,除此之外,表格数据还显示了每个因素满意度与其他因素满意度的相关关系,结果发现多个因素满意度的相关关系通过了显著性检验。

其中,对增产潜力的满意度与对发芽率、生育期、抗性、品牌信誉、价格和信息服务的满意度正相关,即对发芽率、生育期、抗性、品牌信誉、价格和信息服务等指标的满意度越高,对增产潜力的满意度也越高。这是因为增产潜力直接决定种植产量和收入,只有发芽率、生育期、抗性、品牌信誉等指标到了一定水平,才能保证理想的种植产量并获得较高的种植收入,同时只有价格适中,才能降低成本提高净收入,而信息服务好坏直接决定农户能否及时获得真实可靠信息并以此为依据购买到增产潜力高的好种子。

对发芽率的满意度与出油率、抗性、品牌信誉和价格的满意度正相关,即对出油率、抗性、品牌信誉和价格的满意度越高,对发芽率的满意度也越高。

对出油率的满意度与对其他因素满意度的相关性均不强。出现这一情况的原因可能是出油率与其他因素的相互影响不大,而且在目前油菜籽收购体制下,出油率的高低不影响油菜籽收购价格即对农户收入影响不大。

对生育期的满意度与信息服务、技术服务和购买方便的满意度正相关,说明对生育期越满意,对信息服务、技术服务和购买方便的满意度也越高。

对抗性的满意度与对品牌信誉、价格和包装的满意度正相关,说明对抗性越满意,对品牌信誉、价格和包装的满意度也可能会较高。

表 4-11　因素满意度之间的零序相关矩阵

项　目	产量（满意程度）	发芽率	出油率	生育期	抗性	品牌信誉	价格	是否"双低"	信息服务	技术服务	购买方便	包装
产量（满意程度）	1											
发芽率	0.241**	1										
出油率	0.103	0.257**	1									
生育期	0.118*	0.080	-0.101	1								
抗性	0.310**	0.141*	0.033	0.084	1							
品牌信誉	0.312**	0.230**	-0.003	0.083	0.150*	1						
价格	0.311**	0.227**	0.058	0.083	0.259**	0.198**	1					
是否"双低"	-0.063	-0.052	0.003	-0.008	0.019	-0.085	-0.023	1				
信息服务	0.239**	0.113	0.012	0.156**	-0.040	0.146*	0.224**	-0.110	1			
技术服务	0.098	0.018	-0.089	0.146*	0.019	0.081	0.061	-0.147*	0.585**	1		
购买方便	-0.001	-0.046	-0.120	0.137*	0.017	-0.131*	0.013	0.188**	-0.056	-0.081	1	
包装	0.038	0.061	0.050	0.052	0.166**	0.001	0.161**	0.125	-0.098	-0.230**	0.373**	1

* 表示 $P<0.05$（$|T|>1.96$，则在 0.05 的显著性水平上显著）；** 表示 $P<0.01$（$|T|>2.58$，则在 0.01 的显著性水平上显著）

对品牌信誉的满意度与对价格、信息服务的满意度正相关，与对购买方便的满意度负相关。说明对品牌信誉满意度越高的农户，越有可能对价格、信息服务满意，同时也可能对购买方便产生较低的满意度。

对价格的满意与对信息服务和包装的满意度正相关。说明对价格越满意，越有可能对信息服务和包装满意。

对是否"双低"的满意度与对技术服务的满意度负相关和对购买方便的满意度正相关。说明对种子的"双低"性越满意，就越有可能对购买方便产生较高的满意度，同时对技术服务会产生较低的满意度。

信息服务的满意度与技术服务的满意度正相关。说明对信息服务越满意，相应的对技术服务也会产生较高满意度，这反映了农业生产中信息服务和技术服务往往相互渗透的现实。

技术服务的满意度与包装的满意度负相关。说明对技术服务越满意，越有可能对包装产生较低的满意度。

购买方便的满意度与包装的满意度正相关，说明越是对购买的便利性感到满意，就越有可能对包装产生较高的满意度。

值得注意的是，是否"双低"的满意度除了与技术服务和购买方便显著相关外，与其他因素满意度之间均无明显相关性。而且与大多数因素的满意度呈微弱负相关。说明对是否"双低"满意度评价相对独立于对其他因素满意度的评价，这揭示了育种中"双低"标准的提高与其他一些指标的提高存在一定矛盾。在目前收购政策下，是否"双低"对农户经济收入影响不大。

4.4.3 人口统计变量、家庭种植状况与满意度的单因素方差分析

（1）年龄与满意度的单因素方差分析

方差分析显示，年龄显著影响被调查农民对抗性、是否"双低"和包装的满意度评价（表4-12）。图4-21的纵轴数值中，"1"表示"很不满意"，"2"表

表4-12 年龄与满意度的单因素方差分析

指 标	内 容	Sum of Squares	df	Mean Square	F	Sig.
抗 性	组间方差	3.502	3	1.167	2.122	0.098
	组内方差	152.966	278	0.550		
	总方差	156.468	281			
是否"双低"	组间方差	3.413	3	1.138	2.448	0.065
	组内方差	101.325	218	0.465		
	总方差	104.738	221			
包 装	组间方差	2.289	3	0.763	2.358	0.072
	组内方差	89.984	278	0.324		
	总方差	92.273	281			

示"不满意","3"表示"一般","4"表示"满意","5"表示"很满意",即纵轴数值越高表示被调查者对该因素的满意度越高（本章以下满意度方差分析均值图均相同）。从总的趋势看，年龄越大，对抗性、是否"双低"和包装的满意度越高（图 4-21 ~ 图 4-23）。

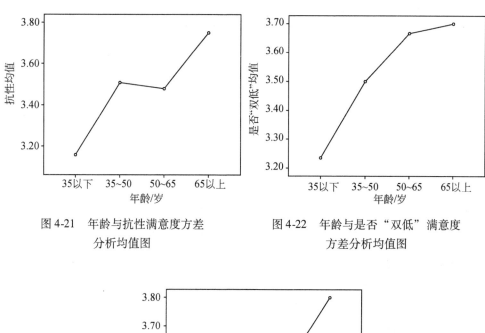

图 4-21　年龄与抗性满意度方差　　　图 4-22　年龄与是否"双低"满意度
　　　　　分析均值图　　　　　　　　　　　　　　方差分析均值图

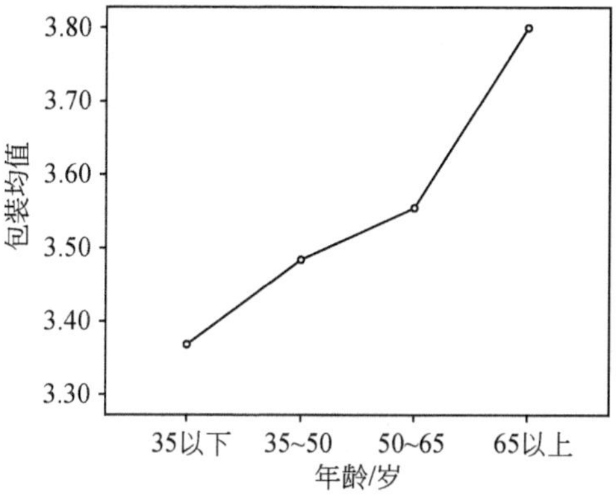

图 4-23　年龄与包装满意度方差分析均值图

（2）文化程度与满意度的单因素方差分析

方差分析显示，文化程度显著影响农户对抗性的满意度，由于样本总体中，高中及中专文化程度比例极小，可以认为，随着文化程度的提高，被调查者对抗性的满意度增加（表 4-13 和图 4-24）。

表 4-13　文化程度与满意度的单因素方差分析表

指　标	内　容	Sum of Squares	df	Mean Square	F	Sig.
抗　性	组间方差	4.627	3	1.542	2.850	0.038
	组内方差	149.359	276	0.541		
	总方差	153.986	279			

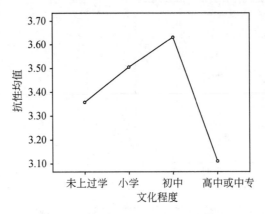

图 4-24　抗性满意度方差分析均值图

（3）种植方式与满意度的单因素方差分析

方差分析显示，种植方式对满意度影响广泛，显著影响农户对产量、出油率、品牌信誉、价格、是否"双低"和包装因素满意度的评价（表4-14）。图4-25～图4-30呈现的一个共同特点是，对上述因素，进行直播的农户满意度比进行移栽的农户低。可能的原因是，在同等面积下，直播用种量一般是移栽用种量的好几倍，要素中存在的某些缺陷可能会被放大，因而导致采取直播方式的农户满意度低于移栽方式的农户。

表 4-14　种植方式与满意度的单因素方差分析表

指　标	内　容	Sum of Squares	df	Mean Square	F	Sig.
产量（满意程度）	组间方差	11.306	2	5.653	8.896	0.000（<0.001）
	组内方差	178.564	281	0.635		
	总方差	189.870	283			
出油率	组间方差	4.933	2	2.467	7.391	0.001
	组内方差	81.761	245	0.334		
	总方差	86.694	247			
品牌信誉	组间方差	2.311	2	1.155	3.675	0.027
	组内方差	87.404	278	0.314		
	总方差	89.715	280			

指　标	内　容	Sum of Squares	df	Mean Square	F	Sig.
价　格	组间方差	6.344	2	3.172	5.307	0.005
	组内方差	167.952	281	0.598		
	总方差	174.296	283			
是否"双低"	组间方差	9.451	2	4.726	10.916	0.000（<0.001）
	组内方差	95.674	221	0.433		
	总方差	105.125	223			
包　装	组间方差	1.793	2	0.897	2.768	0.065
	组内方差	91.034	281	0.324		
	总方差	92.827	283			

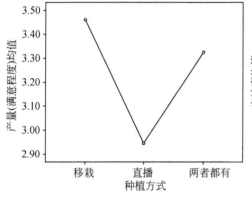

图 4-25　种植方式与产量满意程度
方差分析均值图

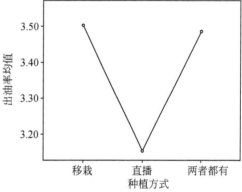

图 4-26　种植方式与出油率满意度
方差分析均值图

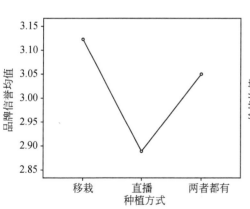

图 4-27　种植方式与品牌信誉满意度
方差分析均值

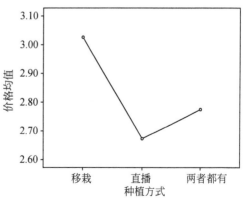

图 4-28　种植方式与价格满意度
方差分析均值图

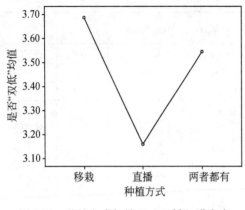

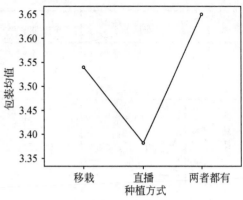

图 4-29　种植方式与是否"双低"满意度　　图 4-30　种植方式与包装满意度
　　　　　方差分析均值图　　　　　　　　　　　　　方差分析均值图

（4）种植目的与满意度单因素方差分析

方差分析显示，农户种植目的显著影响其对产量、出油率和抗性的满意度（表4-15）。图4-31～图4-33显示，出于家庭自用需要种植油菜的农户对上述三个指标的满意度明显低于为出售油菜籽种植油菜的农户。因为是自用，希望抗性好少打药，多榨油，所以对抗性、出油率期望值高，使之达到满意有一定难度。

表 4-15　种植目的与满意度单因素方差分析表

指标　内容		Sum of Squares	df	Mean Square	F	Sig.
产量（满意程度）	组间方差	2.731	1	2.731	4.116	0.043
	组内方差	187.139	282	0.664		
	总方差	189.870	283			
出油率	组间方差	5.376	1	5.376	16.264	<0.001
	组内方差	81.317	246	0.331		
	总方差	86.694	247			
抗性	组间方差	2.690	1	2.690	4.917	0.027
	组内方差	154.278	282	0.547		
	总方差	156.968	283			

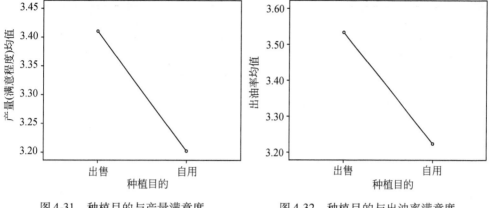

图 4-31　种植目的与产量满意度
方差分析均值图

图 4-32　种植目的与出油率满意度
方差分析均值图

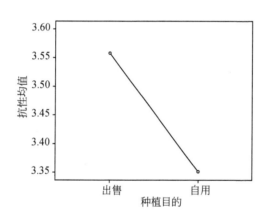

图 4-33　种植目的与抗性满意度方差分析均值图

（5）耕地面积与满意度单因素方差分析

方差分析显示，耕地面积大小显著影响农民对种子增产潜力、出油率、生育期、价格、购买方便的满意度（表 4-16）。图 4-34 显示：耕地面积在 5 ~ 10 亩时，农户对种子增产潜力的满意度最高；耕地面积 10 亩以上的农户对种子增产潜力的满意度最低。图 4-35 ~ 图 4-38 显示，随着耕地面积的扩大，农户对出油率的满意度越来越高，但对生育期、价格和购买方便的满意度却越来越低。一般情况下，耕地面积越大，油菜播种面积也越大，油菜籽更多地用来出售，在此情况下，农户对出油率这一指标是不看重的，期望值不高，可能会导致容易满足的情绪。同时耕地面积越大，对种子的需求量也越大，自然对价格合适、购买方便性要求较高，难以得到满足。

表 4-16　耕地面积与满意度单因素方差分析表

指　标	内　容	Sum of Squares	d*f*	Mean Square	*F*	Sig.
产量（满意程度）	组间方差	4.579	2	2.290	3.464	0.033
	组内方差	184.417	279	0.661		
	总方差	188.996	281			
出油率	组间方差	2.093	2	1.047	3.031	0.050
	组内方差	84.600	245	0.345		
	总方差	86.694	247			
生育期	组间方差	1.077	2	0.539	2.927	0.055
	组内方差	51.338	279	0.184		
	总方差	52.415	281			
价　格	组间方差	3.428	2	1.714	2.799	0.063
	组内方差	170.856	279	0.612		
	总方差	174.284	281			
购买方便	组间方差	7.703	2	3.852	5.353	0.005
	组内方差	200.740	279	0.719		
	总方差	208.443	281			

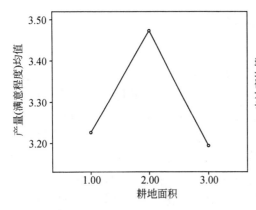

图 4-34　耕地面积与产量满意度
方差分析均值图

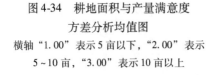

横轴"1.00"表示 5 亩以下，"2.00"表示
5～10 亩，"3.00"表示 10 亩以上

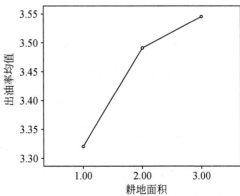

图 4-35　耕地面积与出油率满意度
方差分析均值图

横轴"1.00"表示 5 亩以下，"2.00"表示
5～10 亩，"3.00"表示 10 亩以上

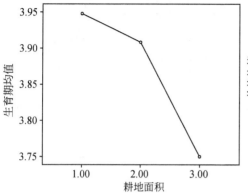

图 4-36　耕地面积与生育期满意度
方差分析均值图

横轴"1.00"表示 5 亩以下,"2.00"表示

5～10 亩,"3.00"表示 10 亩以上

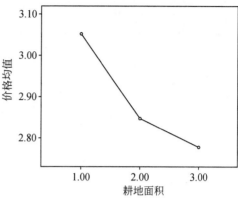

图 4-37　耕地面积与价格满意度
方差分析均值图

横轴"1.00"表示 5 亩以下,"2.00"表示

5～10 亩,"3.00"表示 10 亩以上

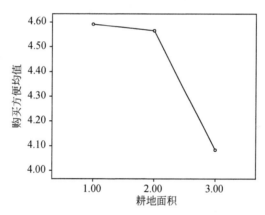

图 4-38　耕地面积与购买方便满意度方差分析均值图

横轴"1.00"表示 5 亩以下,"2.00"表示 5～10 亩,"3.00"表示 10 亩以上

（6）油菜种植面积与满意度单因素方差分析

表 4-17 和图 4-39、图 4-40 显示,油菜种植面积对种子增产潜力和包装满意度影响显著。随着面积扩大,对产量的满意程度整体降低;对包装满意度的影响是,种植面积在 5～10 亩时,对包装的满意度最高,其次是 10 亩以上,包装满意度最低的是 5 亩以下。

表 4-17   油菜种植面积与满意度单因素方差分析表

指标 \ 内容		Sum of Squares	df	Mean Square	F	Sig.
产量（满意程度）	组间方差	3.289	2	1.644	2.470	0.086
	组内方差	185.708	279	0.666		
	总方差	188.996	281			
包装	组间方差	2.487	2	1.243	3.864	0.022
	组内方差	89.786	279	0.322		
	总方差	92.273	281			

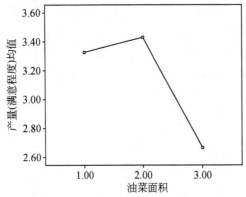 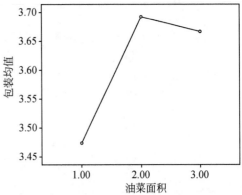

图 4-39   油菜种植面积与产量满意度
方差分析均值图

横轴 "1.00" 表示 5 亩以下，"2.00" 表示
5~10 亩，"3.00" 表示 10 亩以上

图 4-40   油菜种植面积与包装满意度
方差分析均值图

横轴 "1.00" 表示 5 亩以下，"2.00" 表示
5~10 亩，"3.00" 表示 10 亩以上

4.5   影响因素重要性与满意度的交互分析

为了解农民对要素重要程度的认识是否影响其对满意度的评价，探讨样本在重要性和满意度上的联合分布，对农户对各个要素的重要性认识和满意度评价做交互分类分析。为避免分类表中百分数太多，对满意度和重要度的变量值进行了合并。将"很不重要"和"不重要"合并为"不重要"，将"很重要"和"重要"合并为"重要"；将"很不满意"和"不满意"合并为"不满意"，将"很满意"和"满意"合并为"满意"，两个变量中的"一般"不变。

4.5.1   产量重要程度与满意程度的交互分析

卡方检验显示，农户对产量因素的重要性认知与他们对满意度的评价相互独立，即对重要性的认识不影响他们对满意度的评价。出现这一结果可能是因为样本在"不重要"和"一般"上的分布太少所致。但表4-18显示，农户对种子增产潜力指标的评价一部分集中在重要与满意的交点上，同时也有相当一部分集中在重要与不满意或重要与一般交点上。这说明相对于农户对种子增产潜力的看重度而言，农户对种子增产潜力的满意度还不高。目前市场上的种子尽管能满足一部分农户对种子产量的基本要求，但还有相当一部分农户对种子增产潜力的需求没有得到满足，进一步提高种子增产潜力应成为种子公司产品改进的重点（表4-19）。

表4-18 产量（重要程度）与产量（满意程度）交互分析

指标 \ 内容			产量（重要程度）			合　计
			不重要	一　般	重　要	
产量（满意程度）	不满意	频数	0	1	55	56
		频率/%	0.0	50.0	19.5	19.7
	一　般	频数	0	1	78	79
		频率/%	0.0	50.0	27.8	27.8
	满　意	频数	1	0	148	149
		频率/%	100.0	0.0	52.7	52.5
合　计		频数	1	2	281	284
		频率/%	100.0	100.0	100.0	100.0

表4-19 产量（重要程度）与产量（满意程度）交互分析卡方检验

统计指标 \ 内容	Value	df	Asymp. Sig.（2-sided）
皮尔逊卡方值	3.245	4	0.518
似然比	4.329	4	0.363
线性关联	0.026	1	0.871
有效样本数	284		

4.5.2　发芽率重要程度与满意程度的交互分析

卡方检验显示，农户对发芽率重要性认知与他们对发芽率满意度评价相互独立。从分布看，大多数样本集中在重要与满意这一交点上。同时，少数样本的选择在重要与一般和重要与不满意的交点上（表4-20，表4-21）。这说明农户重视种子的发芽率，同时市场上供应的种子也基本能满足他们对这一指标的需求。

表4-20 发芽率重要性与发芽率满意度交互分析

内 容 指 标			发芽率			合 计
			不重要	一 般	重 要	
发芽率	不满意	频数	1	0	14	15
		频率/%	10.0	0	6.6	5.3
	一 般	频数	1	3	26	30
		频率/%	10.0	5.0	12.3	10.7
	满 意	频数	8	57	171	236
		频率/%	80.0	95.0	81.1	84.0
合 计		频数	10	60	211	281
		频率/%	100.0	100.0	100.0	100.0

表4-21 发芽率重要性与发芽率满意度交互分析卡方检验

内 容 统计指标	Value	df	Asymp. Sig. (2-sided)
皮尔逊卡方值	7.729 (a)	4	0.102
似然比	11.190	4	0.025
线性关联	3.068	1	0.080
有效样本数	281		

4.5.3 出油率重要程度与满意程度的交互分析

卡方检验显示，农户对出油率重要性的认识影响其对出油率满意度的评价。从表4-22中可以看出，样本总体的46.0%对出油率满意；但在认为出油率重要的农户中，选择满意的占70.6%。交互分类表显示，样本集中分布在重要与满意交点上（表4-23）。

表4-22 出油率重要性与出油率满意度交互分析

内 容 指 标			出油率			合 计
			不重要	一 般	重 要	
出油率	不满意	频数	2	3	6	11
		频率/%	3.8	6.0	4.1	4.4
	一 般	频数	48	38	37	123
		频率/%	92.4	76.0	25.3	49.6
	满 意	频数	2	9	103	114
		频率/%	3.8	18.0	70.6	46.0
合 计		频数	52	50	146	248
		频率/%	100.0	100.0	100.0	100.0

表 4-23　出油率重要性与出油率满意度交互分析卡方检验

统计指标　　内　容	Value	df	Asymp. Sig.（2-sided）
皮尔逊卡方值	91.591（a）	4	<0.001
似然比	104.154	4	<0.001
线性关联	62.152	1	<0.001
有效样本数	248		

4.5.4　生育期重要程度与满意程度的交互分析

卡方检验显示，农户对生育期的重要性认识不影响他们对满意度的评价。从样本分布看，农户选择集中在重要与满意的交点上，也有一些样本选择了重要与一般，说明大部分农户重视生育期且对这一指标的要求得到了满足。同时，一部分农户对种子生育期的需求没有得到满足（表4-24、表4-25）。

表 4-24　生育期重要性与生育期满意度交互分析

指　标	内　容		生育期			合　计
			不重要	一　般	重　要	
生育期	不满意	频数	0	0	1	1
		频率/%	0	0	0.6	0.4
	一　般	频数	1	14	23	38
		频率/%	12.5	14.7	12.7	13.4
	满　意	频数	7	81	157	245
		频率/%	87.5	85.3	86.7	86.2
合　计		频数	8	95	181	284
		频率/%	100.0	100.0	100.0	100.0

表 4-25　生育期重要性与生育期满意度交互分析卡方检验

统计指标　　内　容	Value	df	Asymp. Sig.（2-sided）
皮尔逊卡方值	0.783（a）	4	0.941
似然比	1.112	4	0.892
线性关联	0.012	1	0.911
有效样本数	284		

4.5.5 抗性重要程度与满意程度的交互分析

卡方检验显示，农户对抗性重要性的认识不影响其对抗性满意度的评价。出现这一结果可能也与样本在"不重要"和"一般"上的分布太少有关。交互分类表显示，样本集中分布在重要与满意的交点上。其次是重要与一般。这说明农户对种子抗性这一指标很重视且大部分农户需求得到了满足，但也有相当一部分重视抗性的农户对这一指标的需求尚待满足（表4-26，表4-27）。

表4-26　抗性重要性与抗性满意度交互分析

指标	内　容		抗　性			合　计
			不重要	一　般	重　要	
抗　性	不满意	频数	1	3	33	37
		频率/%	33.3	13.6	12.7	13.0
	一　般	频数	1	7	69	77
		频率/%	33.3	31.8	26.6	27.1
	满　意	频数	1	12	157	170
		频率/%	33.3	54.6	60.7	59.9
合　计		频数	3	22	259	284
		频率/%	100.0	100.0	100.0	100.0

表4-27　抗性重要性与抗性满意度交互分析卡方检验

统计指标	内　容	Value	df	Asymp. Sig.（2-sided）
皮尔逊卡方值		1.697（a）	4	0.791
似然比		1.467	4	0.832
线性关联		1.059	1	0.303
有效样本数		284		

4.5.6 品牌信誉重要程度与满意程度的交互分析

卡方检验显示，农户对品牌信誉的重要性认识影响其对品牌满意度的评价，对重要性认知度越高，对满意度的评价也越高。但交互分类表显示，样本集中分布在重要性一般与满意度一般交点上。其次是不重要与满意度一般。这说明总体而言，农户对品牌信誉这一指标重要性的认知和满意度评价都不高（表4-28、表4-29）。

表 4-28　品牌信誉重要性与品牌信誉满意度交互分析

指标		内容	品牌信誉			合　计
			不重要	一　般	重　要	
品牌信誉	不满意	频数	9	14	5	28
		频率/%	12.2	9.1	9.6	10.0
	一　般	频数	61	123	26	210
		频率/%	82.4	79.9	50.0	75.0
	满　意	频数	4	17	21	42
		频率/%	5.4	11.0	40.4	15.0
合　计		频数	74	154	52	280
		频率/%	100.0	100.0	100.0	100.0

表 4-29　品牌信誉重要性与品牌信誉满意度交互分析卡方检验

统计指标　　内容	Value	df	Asymp. Sig. （2-sided）
皮尔逊卡方值	34.337（a）	4	<0.001
似然比	29.389	4	<0.001
线性关联	15.823	1	<0.001
有效样本数	280		

4.5.7　价格重要程度与满意程度的交互分析

卡方检验显示，农户对价格重要性的认识不影响其对满意度的评价。交互分类表显示，农户在价格重要性和满意度的交互分布集中度不显著。相对集中在重要与一般、重要与不满意、重要性一般与满意度一般等交点上。这说明在仍有相当一部分农户重视价格的情况下，农户对价格的态度产生了分化（表 4-30，表 4-31）。

表 4-30　价格重要性与价格满意度交互分析

指标		内容	价　格			合　计
			不重要	一　般	重　要	
价　格	不满意	频数	16	22	48	86
		频率/%	25.0	27.5	34.3	30.3
	一　般	频数	33	38	58	129
		频率/%	51.6	47.5	41.4	45.4
	满　意	频数	15	20	34	69
		频率/%	23.4	25.0	24.3	24.3
合　计		频数	64	80	140	284
		频率/%	100.0	100.0	100.0	100.0

表4-31 价格重要性与价格满意度交互分析卡方检验

统计指标 \ 内容	Value	df	Asymp. Sig. (2-sided)
皮尔逊卡方值	2.670 (a)	4	0.615
似然比	2.675	4	0.614
线性关联	0.715	1	0.398
有效样本数	284		

4.5.8 是否"双低"重要程度与满意程度的交互分析

卡方检验显示,农户对是否"双低"的重要性认识影响其对满意度的评价,对这一指标重要性认知越高,对它的满意度评价就越低。的确,现在市场上存在许多"双高"品种,如果认识到了品质的重要性,自然会对品质测量指标即是否"双低"满意度低,但交互分类表显示,样本集中分布在不重要与满意和不重要与一般交点上。说明如果油菜籽收购政策不改变,提高是否"双低"这一指标的满意度意义不大(表4-32、表4-33)。

表4-32 是否"双低"重要性与是否"双低"满意度交互分析

指标 \ 内容			是否"双低"			合 计
			不重要	一 般	重 要	
是否"双低"	不满意	频数	5	5	0	10
		频率/%	2.8	12.8	0	4.6
	一 般	频数	71	17	3	91
		频率/%	40.3	43.6	75.0	41.6
	满 意	频数	100	17	1	118
		频率/%	56.8	43.6	25.0	53.9
合 计		频数	176	39	4	219
		频率/%	100.0	100.0	100.0	100.0

表4-33 是否"双低"重要性与是否"双低"满意度交互分析卡方检验

统计指标 \ 内容	Value	df	Asymp. Sig. (2-sided)
皮尔逊卡方值	9.995 (a)	4	0.041
似然比	8.419	4	0.077
线性关联	5.471	1	0.019
有效样本数	219		

4.5.9　信息服务重要程度与满意程度的交互分析

　　卡方检验显示，农户对信息服务重要性的认识显著影响其对信息服务满意度的评价，从样本总体看，对信息服务不满意的农户比例为33.6%，但在认为信息服务重要的农户中，对信息服务不满意的农户达45.7%，相比之下，认为信息服务不重要的农户对信息服务不满意的比例明显偏低，为19.4%。交互分类表还显示，样本分布比较集中的交点是重要与不满意。说明大多数农户对信息服务的渴求没有得到满足，加强信息服务意义重大（表4-34、表4-35）。

表4-34　信息服务重要性与信息服务满意度交互分析

指　标	内　容		信息服务			合　计
			不重要	一　般	重　要	
信息服务	不满意	频数	13	24	58	95
		频率/%	19.4	27.0	45.7	33.6
	一　般	频数	49	53	47	149
		频率/%	73.1	59.5	37.0	52.6
	满　意	频数	5	12	22	39
		频率/%	7.5	13.5	17.3	13.8
合　计		频数	67	89	127	283
		频率/%	100.0	100.0	100.0	100.0

表4-35　信息服务重要性与信息服务满意度交互分析卡方检验

统计指标 内　容	Value	df	Asymp. Sig. （2-sided）
皮尔逊卡方值	25.850（a）	4	<0.001
似然比	26.471	4	<0.001
线性关联	3.292	1	0.070
有效样本数	283		

4.5.10　技术服务重要程度与满意程度的交互分析

　　卡方检验显示，农户对技术服务重要性的认识显著影响其对技术服务满意度的评价。从样本总体看，对技术服务不满意的比例是53.0%，但认为技术服务重要的农户中，选择不满意的占62.5%，而认为技术服务不重要的农户中，选择不满意的只有27.0%，远远低于认为重要的农户。说明对技术服务越重视，对技术服务质量的要求也越高，而且也对目前技术服务现状容易产生不满。交互分类表还显示，样本十分明显地集中分布在重要与不满意的交点上，说明相当一部分农户重视技术服务，但这方面的需求没有得到满足。为农户提供更多更好的配套技术服务应成为种子公司和其他相关组织的重要任务（表4-36、表4-37）。

表4-36　技术服务重要性与技术服务满意度交互分析

指标	内　容		技术服务			合　计
			不重要	一　般	重　要	
技术服务	不满意	频数	10	25	115	150
		频率/%	27.0	40.3	62.5	53.0
	一　般	频数	25	30	40	95
		频率/%	67.6	48.4	21.7	33.6
	满　意	频数	2	7	29	38
		频率/%	5.4	11.3	15.8	13.4
合　计		频数	37	62	184	283
		频率/%	100.0	100.0	100.0	100.0

表4-37　技术服务重要性与技术服务满意度交互分析卡方检验

统计指标　内　容	Value	df	Asymp. Sig. (2-sided)
皮尔逊卡方值	36.919 (a)	4	<0.001
似然比	36.145	4	<0.001
线性关联	5.332	1	0.021
有效样本数	283		

4.5.11　购买方便重要程度与满意程度的交互分析

卡方检验显示，农户对购买方便的重要性认识影响其对满意度的评价。交互分类表显示，样本集中分布在不重要与满意这一交点上。这既说明目前种子销售网络比较齐全，能够满足农户购种方便的需要，同时，也说明在网络布点上的投资给农户带来的边际效益在递减（表4-38、表4-39）。

表 4-38　购买方便重要性与购买方便满意度交互分析

指标	内 容		购买方便			合 计
			不重要	一 般	重 要	
购买方便	不满意	频数	6	7	5	18
		频率/%	5.2	6.7	7.8	6.3
	一 般	频数	3	11	1	15
		频率/%	2.6	10.5	1.6	5.3
	满 意	频数	106	87	58	251
		频率/%	92.2	82.8	90.6	88.4
合 计		频数	115	105	64	284
		频率/%	100.0	100.0	100.0	100.0

表 4-39　购买方便重要性与购买方便满意度交互分析卡方检验

统计指标　内 容	Value	df	Asymp. Sig. （2-sided）
皮尔逊卡方值	9.647（a）	4	0.047
似然比	9.454	4	0.051
线性关联	0.570	1	0.450
有效样本数	284		

4.5.12　包装重要程度与满意程度的交互分析

卡方检验显示，农户对包装重要性认识影响其对满意度的评价，随着重要性认知程度的提高，农户对包装不满意和满意的比例也在提高。交互分类表还显示，样本分布集中度不高，相对集中的两个交点是：重要与满意和重要性一般与满意度一般。说明当前提高包装质量对不同农户作用不一，而且应该从哪些方面提高包装质量也值得考虑（表4-40、表4-41）。

表 4-40　包装重要性与包装满意度交互分析

指标	内 容		包装			合 计
			不重要	一 般	重 要	
包 装	不满意	频数	1	2	4	7
		频率/%	1.4	1.8	3.9	2.5
	一 般	频数	36	63	26	125
		频率/%	52.2	55.7	25.5	44.0
	满 意	频数	32	48	72	152
		频率/%	46.4	42.5	70.6	53.5
合 计		频数	69	113	102	284
		频率/%	100.0	100.0	100.0	100.0

表 4-41　包装重要性与包装满意度交互分析卡方检验

内容　　　　　统计指标	Value	df	Asymp. Sig.　（2-sided）
皮尔逊卡方值	22. 706（a）	4	<0.001
似然比	23. 460	4	<0.001
线性关联	8. 091	1	0.004
有效样本数	284		

4.6　本 章 小 结

1）农户购种时，最看重的是种子本身的属性以及直接影响种子增产潜力效果发挥的其他因素。通过分析农户对影响因素重要性的评价，发现大多数农户购买油菜种子时，最看重的仍然是直接影响其收成和收入的因素，即种子的增产潜力、发芽率、抗性、生育期、信息服务、技术服务及价格等，对不直接影响其收成和收入的因素如出油率、包装、购种方便等看重程度相对低一些。同时，对其收成和收入影响不确定的因素如是否为"双低"品种农户也不太看重。这一结论既与种子作为生产资料的性质有关，也说明目前我国种子市场仍处于以实体产品营销为主的阶段，品牌建设亟待加强。

2）被调查者个人特征和家庭种植状况显著影响农户对种子相关要素重要性的评价，即年龄、文化程度、种植目的、种植方式、家庭耕地面积、油菜播种面积，被调查者对相关要素的重要性认知也有所差异。其中，家庭耕地面积和油菜播种面积越大，农民对技术服务、信息服务和价格等主要因素的重要性认知越高，说明生产规模影响对种子供给的需求。

3）各因素重要性之间存在着较强的自相关关系，反映了许多因素既通过自身又通过影响其他因子影响最终的产量和经济效益这一客观事实。其中，绝大部分因素之间是正相关关系，但是否"双低"分别与产量、抗性负相关，价格分别与产量、抗性和品牌信誉负相关。这是育种、种子生产和经营中上述因素很难兼顾的现实在农户感知中的反映。

4）农户对种子本身及种子供应者推出的其他营销刺激变量的满意度高低不一。农户对信息服务和技术服务满意度最低，其次是品牌信誉和价格；对购买方便认同度最高。在种子核心质量指标上，对发芽率、生育期的满意度较高，对种子增产潜力、出油率和抗性等指标的满意度相对较低，在这些指标上，满意和不太满意的选择频率都较高。说明当前种子市场在渠道建设和销售网点的布局上已能满足农户方便购种的需要，但信息服务、技术服务及品牌建设亟待加强，同时，提高种子的增产潜力、增强种子抗性应成为今后育种的重点。

5）被调查者个人特征和家庭种植状况显著影响农户对种子各要素的满意度评价，即年龄、文化程度、油菜种植目的、种植方式、家庭耕地面积、油菜播种面积不同，被调查者对相关因素的满意度也不一样。进行直播的农户对产量、出油率、品牌信誉、价格、是否"双低"和包装等因素满意度比进行移栽的农户低。出于家庭自用需要种植油菜的农户对产量、出油率和抗性的满意度明显低于为出售油菜籽种植油菜的农户。家庭耕地面积和油菜播种面积越大，对种子增产潜力、价格、生育期、购买方便等指标的满意度越低。这与对重要性认知度的影响正好相反，但恰好说明了规模越大，越重视种子质量和服务质量，同时，对种子质量和服务质量要求越高。这一结果体现了大规模生产方式和小规模生产方式在种子等生产资料需求上的差异。

6）许多因素满意度之间存在较强的相关性。其中，多数因素之间是正相关关系，说明这些因素水平的高低对种子整体质量的影响是相互促进的。是否"双低"的满意度除了与技术服务和购买方便显著相关外，与其他因素满意度之间均无明显相关性。而且与大多数因素的满意度呈微弱负相关。说明对是否"双低"满意度评价相对独立于对其他因素满意度的评价，也揭示了在目前育种水平和收购政策下，"双低"标准的提高与其他一些因素水平的提高存在一定矛盾的事实。

7）农户对影响因素的重要性和满意度评价呈现出以下几种组合模式：重视度高/满意度一般，如种子增产潜力、抗性、价格等；重视度高/满意度高，如发芽率、生育期；重视度高/满意度低，如技术服务、信息服务；重视度低/满意度高，如购买是否方便；重视度一般/满意度一般或者两个指标选择比较分散，如出油率、品牌信誉、是否"双低"和包装等。这说明，有些指标既是农民所重视的，也是农民所满意的由于种子提供者重视或努力度与种子需求者的关注度基本一致，而有些指标，尽管农民很重视，但由于育种上突破的难度、或者现行制度安排下活动提供的低效率及不经济等，使得种子供应者在这些方面不能很好地满足农户需求，导致了农民的满意度低，如技术服务、信息服务就是典型的例子；有些指标重视度低/满意度高，可能与农民本身对其要求不高因而容易得到满足或者种子提供者在这些方面确实做的比较好有关，值得注意的是，在这类指标上应警惕供给过剩现象的发生。农户对一些与种子质量密切相关的指标如出油率、品牌信誉、是否"双低"，选择重要性和满意度时却呈现出不确定性。这种现象说明生产体制、购销机制进一步变革和市场信誉建设的必要性。对重要性和满意度的交互分析还显示，在出油率、品牌信誉、是否"双低"、技术服务、信息服务、购买方便和包装等指标上农户对其重要性的认识显著影响农户对其满意度的评价。这说明，在这些指标上，农户的重视度不同，对其要求也存在差异、继而影响他们对满意度的评价。

第4章主要是通过分析农户对影响其购种行为因素的重视程度和满意程度，总体把握影响农户购种的主要因素、影响因素之间的相互关系、农户对这些因素的满意度以及种子市场在创造价值满足农户需求上存在的主要问题。上述分析是基于农户对油菜种子市场总体评价基础上进行的，并没有专门针对农户对近期自己使用的种子的评价。为提高分析的针对性和目的性，本章通过了解农户对自己家庭近期和当前使用种子的评价以及是否有继续购买和向他人推荐的意愿，从总体满意、继续购买意愿和正向口碑传播意愿等方面进一步探究影响因素与品牌（产品）忠诚度的关系，从而提炼出影响农户种子价值判断的主要因素，为探测种子价值要素及其在总价值中的构成比例提供参考。

5.1 研究设计

5.1.1 问卷设计

调查问卷包括以下三个部分：

第一部分主要收集受访者的个人信息，包括性别、年龄、文化程度、家庭耕地面积、油菜种植面积、种植方式、种植目的等。

第二部分用于了解农户对近年来家庭种植最多或目前正在采用的油菜种子各个要素的评价，包括：种子的增产潜力、发芽率、出油率、抗性，包装、品牌的识别与回忆，价格的竞争性与合理性，对建议和投诉处理的合理性（服务1）、信息宣传（服务2）、技术服务（服务3）和购种方便性等。以受访农户正在种植的某品牌油菜种子为评价对象，采用5点李克特尺度进行测量（"1"表示非常不同意，"5"表示非常同意）。

第三部分主要用来调查农户对正在种植的某品牌油菜种子的总体满意度、重复购种意愿和口碑传播意愿，即农户是否会重复购买和向他人推荐其正在种植的油菜种子。其中总体满意度采用 5 点李克特尺度进行测量（"1"表示非常不满意，"5"表示非常满意），重复购种意愿和口碑传播意愿采用 2 点尺度进行测量（"0"表示不会，"1"表示会）。

5.1.2　样本选择

本研究所用数据来自项目组 2006 年 3 月对湖北荆州油菜种植农户购种行为的调查。项目组选取了松滋、监利和江陵三个调查点，每个调查点调查 100 家左右农户。调查采取调查员直接入户问卷调查的方式。整个调查历时约三周。共发放问卷 310 份，回收 300 份，剔除漏答关键信息及出现错误信息的问卷，回收有效问卷 285 份，有效回收比例为 92%。样本的基本信息见表 4-1。

5.1.3　调查的实施与控制

为保证调查数据的真实客观，提高问卷的信度和效度，正式调查前，在湖北省江陵县进行了试调查，根据试调查结果对问卷进行了修订。正式调查由经过培训的研究生进行，为保证调查效果，每人每天只调查 5 份左右。

5.2　种子要素与农户总体满意度、农户重复购种意愿和口碑传播意愿的相关分析

根据已有文献研究以及第 4 章就农户对相关因素重要性评价和影响农户重要性评价的单因素方差分析，可以认为，影响农户对采用种子总体满意度、重复购买意愿、向他人推荐意愿的因素包括两方面：

第一，户主（决策者）的性别、年龄、文化程度以及家庭收入、耕地面积、某种农作物的种植面积、种植方式、种植目的等；

第二，种子本身的属性如增产潜力、抗性、发芽率、出油率等以及与种子相关的营销策略如价格、品牌、包装、宣传、服务、渠道（体现购种是否方便）等。

蒙秀锋等（2005）将上述第一类因素称为内部因素，第二类因素称为外部因素。本章主要从外部因素角度探讨影响农户价值判断的主要因素。这样处理的理由在于：第一，营销学角度讨论的顾客总价值以及顾客让渡价值、特征消费理论讨论的特征价值，都是从产品以及产品的延伸要素考虑的，农户户主（决策者）的个人特征和农户家庭生产经营特征尽管也影响农户对所采用种子的评价，但严格来讲，这些因素属于调节变量而不是直接影响农户判断的因素；第二，外部因

素是种子企业及种子产业通过努力可以直接控制和改善的，因而从外部因素角度探讨，对种子企业改善产品质量，优化营销组合，提高顾客价值创造能力有直接指导意义。

由于这里的外部因素主要指种子本身属性及种子延伸部分，属于营销学中的整体产品概念，因此，后面的分析中将用种子要素表示外部因素。

5.2.1 种子要素与农户总体满意度相关分析

将种子各因素与农户对目前采用的种子整体满意度做相关分析，统计结果表明，种子增产潜力、发芽率、出油率、抗性、品牌联想、品牌记忆、包装、服务1和购买方便因素与农户对现有种子的整体满意度有一定相关性（表5-1）。

表5-1　种子因素与农户对采用种子整体满意度相关分析

整体期望	产　量	发芽率	出油率	生育期	抗　性	品牌联想	包　装
Pearson Correlation	0.377(**)	0.133(*)	0.226(**)	−0.015	0.311(**)	0.249(**)	0.330(**)
整体期望	品牌记忆	价格（同类）	价格（同质）	服务1	服务2	服务3	购买方便
Pearson Correlation	0.315(**)	−0.004	0.079	0.191(**)	0.098	−0.084	0.217(**)

5.2.2 种子因素与农户重复购种意愿相关分析

将种子各因素与农户对目前采用种子重复购买意愿做相关分析，统计结果显示，种子产量、出油率、生育期、抗性、品牌联想、品牌记忆、服务3因素与农户对现有采用种子重复购买意愿有一定相关性（表5-2）。

表5-2　种子因素与农户重复购种意愿相关分析

继续购买	产　量	发芽率	出油率	生育期	抗　性	品牌联想	包　装
Pearson Correlation	0.319(**)	−0.017	0.151(*)	−0.155(**)	0.291(**)	0.399(**)	0.112
继续购买	品牌记忆	价格（同类）	价格（同质）	服务1	服务2	服务3	购买方便
Pearson Correlation	0.419(**)	0.037	0.113	0.088	0.066	0.162(**)	−0.037

5.2.3 种子因素与农户正向口碑传播意愿相关分析

将种子各因素与农户对目前采用种子正向口碑传播意愿做相关分析，统计结果显示，种子产量、出油率、生育期、抗性、品牌联想、品牌记忆、价格合理性、价格竞争性、服务 1、服务 2 和服务 3 等因素与农户对现有采用种子正向口碑传播意愿有一定相关性（表 5-3）。

表 5-3 种子因素与农户口碑传播意愿相关分析

推　荐	产　量	发芽率	出油率	生育期	抗　性	品牌联想	包　装
Pearson Correlation	0.312(**)	0.074	0.129(*)	−0.157(**)	0.176(**)	0.390(**)	0.103
推　荐	品牌记忆	价格（同类）	价格（同质）	服务 1	服务 2	服务 3	购买方便
Pearson Correlation	0.342(**)	0.142(*)	0.154(**)	0.160(**)	0.142(*)	0.303(**)	−0.037

综合上述相关分析结果，可以发现，在所列的 14 个可能影响农户品牌忠诚度的种子因素中，每一个因素都与显示忠诚度的一个或者几个指标显著相关，说明上述 14 个因素均从不同角度或在不同程度上影响农户的效用，都有可能影响农户对种子的价值判断。

5.3 对种子因素的探测性因子分析

5.3.1 因子分析结果

为了进一步评价农户在重复购种时考虑的与种子有关的因素，并判断这些因素之间的内在联系，本研究采取主成分分析和方差极大正交旋转方法对这 14 个变量进行因子分析。Bartlett 检验值为 0.000，KMO 值为 0.628，这两项指标都说明样本适合作因子分析（表 5-4）。

表 5-4 KMO 和 Bartlett 检验

Kaiser-Meyer-Olkin Measure of Sampling Adequacy		0.628
Bartlett's Test of Sphericity	Approx. Chi-Square	727.725
	df	91
	Sig.	0.000

在此前提下对样本进行了方差贡献率分析，把因子变量特征值大于 1.0 的因子保留，经过方差极大值旋转以后，得到四个公共因子。这四个因子旋转后的方差贡献率见表 5-5。

表 5-5   各因子特征值及方差贡献率

公因子	初始的特征值及方差贡献率			旋转后的特征值及方差贡献率		
	特征值	方差贡献率/%	累计方差贡献率/%	特征值	方差贡献率/%	累计方差贡献率/%
1	2.423	22.027	22.027	1.889	17.170	17.170
2	1.879	17.078	39.105	1.776	16.141	33.311
3	1.595	14.496	53.601	1.773	16.114	49.425
4	1.210	10.996	64.597	1.669	15.172	64.597

注：提取方法为主成分法

前四个因子累积方差贡献率达到了 64.597%，这说明前四个因子变量综合蕴含了原始数据 14 个评价指标所能表达的足够信息。

经方差极大值旋转法处理后得到的因子载荷矩阵如表 5-6 所示。可以看出，11 个变量在至少一个因子上载荷达到 0.6 以上，且具有较高载荷的因子变量有规律地分布在若干关键评价指标上，说明它们之间有着比较明确的结构关系。据此，对因子变量进行命名和解释。

表 5-6   方差极大正交旋转后的因子载荷矩阵

项 目	因 子			
	1	2	3	4
B11	0.821	0.102	−0.080 6	0.113
B12	0.810	0.015 36	0.056 36	−0.016 8
B13	0.658	−0.167	0.153	0.219
发芽率	0.188	0.699	−0.251	−0.141
出油率	−0.029 8	0.677	0.017 55	0.062 77
抗 性	−0.131	0.612	0.237	0.274
产 量	−0.043 7	0.603	0.319	0.145
价格（同类）	0.032 14	−0.013	0.886	−0.047 2
价格（同质）	0.091 9	0.168	0.852	0.018 56
品牌记忆	0.050 06	0.079 65	−0.077 8	0.888
品牌联想	0.241	0.133	0.042 31	0.835

注：提取方法为主成分法

第一个公共因子在以下变量上载荷较高：卖种者对您们的建议和投诉都给予接受和处理，买种的时候，卖种者积极向您们提示种植应注意的问题，种植过程中出现的问题总能得到及时的解决，据此将其命名为服务；

第二个公共因子在以下变量上载荷较高：种子发芽率、种子出油率、种子抗性和种子的增产潜力，据此将其命名为种子质量；

第三个公共因子在以下变量上载荷较高：与其他同类种子比较的价格满意度，与种子质量比较的价格合理性，据此将其命名为种子价格；

第四个公共因子在以下变量上载荷较高：我总能想起我现在使用的种子名称，想到油菜种子，我就会想到我原来购买的油菜种子，据此将其命名为：种子品牌。

具体各公因子命名见表5-7。

表 5-7　公共因子名称及方差解释率

公共因子序号	公共因子名称	公共因子方差解释率/%
1	服务	22.027
2	种子质量	17.078
3	种子价格	14.496
4	品牌	10.996

5.3.2　主要影响因子的分聚类分析

依据影响农户重复购种意愿和推荐意愿的四个公共因子进行聚类分析，可以把所调查的农户划分成若干类。经过多次尝试后发现分为四类比较合适，且方差检验也能够全部达到显著（表5-8）。

表 5-8　聚类分析形成的细分市场

利益因子	第一类细分市场（服务和质量型）	第二类细分市场（服务和品牌型）	第三类细分市场（价格型）	第四类细分市场（质量型）	F	Sig.
服　务	0.787 74	0.502 58	−0.305 82	−0.956 34	129.958	<0.001
质　量	0.382 71	−0.830 35	−1.030 77	0.411 64	53.927	<0.001
价　格	0.175 38	−1.272 99	1.314 21	−0.167 13	99.955	<0.001
品　牌	−0.282 59	0.415 39	−0.032 94	0.129 00	6.001	0.001
样本量	101	43	40	93		
比例/%	36.46	15.52	14.44	33.58		

由表 5-8 可知：

在第一类细分市场中服务占有主导地位（0.78774），其次是质量（0.38271），其他因子得分较低，甚至是负数。这说明，这类细分市场比较看重种子生产销售者提供的服务和种子质量，故将其命名为服务和质量型；

在第二类细分市场中，服务占有主导地位（0.50258），其次是品牌（0.41539），其他两个因子得分为负数。这说明，这一类细分市场注重服务和品牌，故将其命名为服务和品牌型。

在第三类细分市场中，价格占有绝对主导地位（1.31421），其他因子得分均为负数。这说明，此类细分市场非常重视价格，价格是否合理公道是影响他们购买种子的最重要因素，故将其命名为价格型。

在第四类细分市场中，质量占有主导地位（0.41164），其他因子得分较低，甚至是负数。这说明，此类细分市场最看重的是以增产潜力为代表的种子质量，对其他因素考虑较少，故将其命名为质量型。

上述四类细分市场中，服务和质量型、质量型在总样本中占有的比例分别为 36.46%、35.58%，明显高于服务和品牌型（15.52%）、价格型（14.44%）两类细分市场，这与当前种子市场现状基本吻合。由于种子属于生产资料，农户购买种子的主要目的是通过种植种子达到农作物高产，种子质量直接决定增产潜力，因此，大多数农户都非常关注种子质量。同时，种子的增产潜力能否转化为现实的高产，及时良好的服务扮演着重要的角色，故相当一部分农户也看中种子经营者提供的技术服务。相对于城市购买者，农户本身的品牌意识比较弱，相对于消费品，生产资料的品牌效用及对购买者的影响也较低，而且我国种子行业的市场化进程真正启动始于 2000 年，种子企业的品牌塑造尚处于起步阶段，在农户中享有较高忠诚度的品牌很少，所以，农户中购买种子时注重品牌的并不多。但是，也有一部分农户开始注重品牌。至于价格型在四类细分市场中比例最低，它揭示了这样一个事实：在农户中虽然仍有一部分农户购买种子时注重价格，但更多的农户购买种子时，价格已不是其考虑的最主要因素了，这是因为农户普遍存在着好种子价格肯定高，价格低的种子质量不一定有保证的购买心理，另外，虽然近年来油菜种子价格上涨明显，但在农户的生产费用中所占比重仍然较低，同时与其他作物比较，农户种植油菜的种子投入在生产费用中所占比例也比较低。

5.3.3 各类细分市场农户人口学及家庭经营特征分析

对样本聚类分析后，农户对种子价值的评价分为四类，四类农户的人口统计学及家庭经营特征见表 5-9。

表 5-9　四类细分市场的人口统计学及经营特征

项目		样本/%	细分市场 1/%	细分市场 2/%	细分市场 3/%	细分市场 4/%	Chi-Square	Sig.
年龄	35 岁以下	17.6	39.6	2.3	0.0	8.6	92.732	<0.001**
	35~50 岁	38.3	32.7	74.4	17.5	36.6		
	50~65 岁	35.4	19.8	18.6	70.0	45.1		
	65 岁以上	8.7	7.9	4.7	12.5	9.7		
文化程度	小学以下	30.3	25.7	25.6	50.0	29.0	17.169	0.046*
	小学	32.9	28.7	34.9	22.5	40.8		
	初中	33.6	40.6	39.5	22.5	28.0		
	高中及以上	3.2	5.0	0.0	5.0	2.2		
种植方式	移栽	67.5	59.4	55.8	67.5	81.7	23.026	0.001**
	直播	18.1	17.8	34.9	20.0	9.7		
	两者都有	14.4	22.8	9.3	12.5	8.6		
种植目的	出售	68.6	73.3	41.9	92.5	65.6	26.289	<0.001**
	自用	31.4	26.7	58.1	7.5	34.4		
耕地面积	5 亩以下	43.0	46.5	39.5	45.0	39.8	19.466	0.003**
	5~10 亩	44.0	45.5	27.9	47.5	48.4		
	10 亩以上	13.0	7.9	32.6	7.5	11.8		
油菜种植面积	5 亩以下	77.6	77.2	74.4	92.5	73.1	7.154	0.307
	5~10 亩	20.9	20.8	23.3	7.5	25.8		
	10 亩以上	1.4	2.0	2.3	0.0	1.1		

　　从表 5-9 中可看出，质量和服务型细分市场农户的年龄集中在 50 岁以下，其中 35 岁以下占 39.6%，35 岁到 50 岁占 32.7%，与其他细分市场比较，集中年龄段明显低于第 2~4 类细分市场；在文化程度上，绝大部分在初中及以下，其中初中文化程度占 40.6%，小学文化程度为 28.7%，小学以下为 25.7%；在种植方式上，59.4% 是移栽，17.8% 是直播，22.8% 的农户两种种植方式都有，两种种植方式都有的比例高于其他细分市场；从种植目的看，73.3% 的农户为了出售，26.7% 的农户为了满足自己家庭食用油的需要；从耕地面积看，92.1% 的农户在 10 亩及以下；在油菜种植面积上，98% 的农户在 10 亩及以下。

品牌和服务型细分市场：农户年龄集中在 35 ~ 50 岁，为 74.4%，其次是 50 ~ 65 岁，为 18.6%，与其他细分市场比较，年龄集中度较高，大部分集中在 35 ~ 50 岁，也体现了这一年龄段的消费特征——务实与求新并重；在文化程度上，全部集中在初中及以下，其中初中文化程度占 39.5%，小学文化程度为 34.9%，小学以下为 25.6%；在种植方式上，55.8% 是移栽，34.9% 是直播，9.3% 的农户两种种植方式都有；从种植目的看，41.9% 的农户为了出售，58.1% 的农户为了满足自己家庭食用油的需要；从耕地面积看，67.4% 的农户在 10 亩及以下；在油菜种植面积上，97.7% 的农户在 10 亩及以下。

价格型细分市场农户的年龄在 50 岁以上达到 82% 以上，其中 35 岁以下占 0，35 ~ 50 岁占 17.5%，50 ~ 65 岁达 70.0%，65 岁以上达 12.5%，与其他细分市场比较，该细分市场年龄明显偏高；在文化程度上，小学以下高达 50.0%，是其他三类细分市场小学文化以下比例的近两倍；年龄和文化程度上的分布特点反映了当前农村生产资料购买现状，一般而言，老年人在购买行为上，务实性趋向比较强，而且文化程度低，往往收入水平也比较低，因此，对价格就比较看重；在种植方式上，67.5% 是移栽，20.0% 是直播，12.5% 的农户两种种植方式都有；从种植目的看，92.5% 的农户为了出售，7.5% 的农户为了满足自己家庭食用油的需要，可见，此类细分市场绝大多数农户种植油菜的目的是为了出售获取收入；从耕地面积看，绝大多数在 10 亩以下；油菜种植面积 92.5% 的农户在 5 亩以下。

质量型细分市场农户的年龄集中在 35 ~ 65 岁。其中，35 岁以下占 8.6%，35 ~ 50 岁占 36.6%，50 ~ 65 岁占 45.1%，65 岁以上占 9.7%。50 岁以上所占比例仅次于价格型细分市场，整个年龄分布趋向于老龄化。在文化程度上，小学文化程度所占比例最高，为 40.8%；其次是小学以下，为 29.0%，文化程度分布相对比较偏低。此类细分市场年龄和文化程度分布特点也说明了年龄越大，文化程度越低，所伴随的收入水平越低，农户在购买种子时务实的特点越明显。在种植方式上，81.7% 是移栽，9.7% 是直播，8.6% 的农户两种种植方式都有。从种植目的看，65.6% 的农户为了出售，34.4% 的农户为了满足自己家庭食用油的需要。从耕地面积看，88.2% 的农户在 10 亩及以下。在油菜种植面积上，98.9% 的农户在 10 亩及以下。

通过对各个细分市场农户的年龄、文化程度、种植方式、种植目的、耕地面积和油菜种植面积在不同水平上分布差异性的显著性进行检验发现，各个变量的卡方值均达到一定水平，除油菜种植面积外，其他指标都通过检验。其中，"年龄"、"种植目的"在 <0.001** 水平上显著，"种植方式"在 0.001** 显著，"耕地面积"在 0.003**，"文化程度"在 0.046* 水平上显著。这说明绝大多数人口统计变量都可能会影响农户对种子的购买偏好。至于为什么"耕地面积"通过

检验而"油菜种植面积"没有通过检验，这可能与耕地面积相对稳定，而油菜种植面积每年都在变动有一定关系。

5.4 影响因素与总体满意度、重复购种意愿和口碑传播意愿的回归分析

为进一步探讨相关因素与农户对目前采用种子的评价和态度的关系，在探测性因子分析的基础上，以被调查者个人特征，农户家庭经济特征以及探测性因子分析所得到的四个主成分为自变量，分别以农户对目前采用种子的总体满意度、重购意愿和推荐意愿为因变量进行回归分析。

5.4.1 影响因素与满意度的回归分析

以农户总体满意度为因变量，以影响因素为自变量，采取逐步回归方法，进行线形回归分析。

在第三步得到如下所示结果。从表 5-10、表 5-11 看，模型 R^2 为 0.253，F 值为 30.333，p 值为 0.000；可见其具有统计学意义。表 5-12 显示质量、品牌和种植目的是影响农户总体满意度的主要因素。

表 5-10 影响因素与满意度的回归分析模型概要

Model	R	R Square	Adjusted R Square	Std. Error of the Estimate
3	0.503（c）	0.253	0.244	0.74887

注：a. Predictors：（Constant），quality；b. Predictors：（Constant），quality，brand；c. Predictors：（Constant），quality，brand

表 5-11 影响因素与满意度的回归模型方差分析

Model		Sum of Squares	df	Mean Square	F	Sig.
3	回 归	51.033	3	17.011	30.333	<0.001
	残 差 Residual	150.857	269	0.561		
	总 计 Total	201.890	272			

注：a. Predictors：（Constant），quality；b. Predictors：（Constant），quality，brand；c. Predictors：（Constant），quality，brand；d. Dependent Variable

表 5-12 农户总体满意度影响因素回归系数估计

Model		非标准分数		标准系数 (Beta)	*T*	Sig.
		B	Std. Error			
3	常　数	3.775	0.136		27.748	<0.001
	质　量	0.341	0.045	0.399	7.566	<0.001
	品　牌	0.220	0.045	0.256	4.863	<0.001
	种植目的	-0.306	0.097	-0.166	-3.144	0.002

注：因变量：整体期望

5.4.2 影响因素与农户重复购种意愿的回归分析

以农户重复购买意愿为因变量，影响因素为自变量，采取逐步回归，进行 logistic 回归分析。在第四步得到如下所示结果。从表 5-13 和表 5-14 看出，模型卡方检验值为 69.155，*P* 值为 0.000；极大似然值为 301.172，可见其具有统计学意义。表 5-15 表明质量、品牌、价格和年龄是影响农户继续购买意愿的主要因素。

表 5-13 影响因素与农户重复购种意愿的回归模型系数检验

		Chi-square	d*f*	Sig.
Step 4	Model	69.155	4	<0.001

表 5-14 影响因素与农户重复购种意愿回归模型概要

Step 4	-2 Log likelihood	Cox & Snell *R* Square	Nagelkerke *R* Square
	301.172	0.224	0.301

表 5-15 影响因素与农户重复购种意愿回归模型最终方程中所含的变量

项　目		*B*	S.E.	Wald	d*f*	Sig.	Exp (*B*)
Step 4	质　量	0.544	0.145	14.133	1	0.000	1.722
	价　格	0.423	0.149	8.074	1	0.004	1.527
	品　牌	1.001	0.162	38.275	1	0.000	2.722
	年　龄	-0.382	0.194	3.903	1	0.048	0.682
	常　数	0.469	0.495	0.898	1	0.343	1.599

5.4.3 影响因素与口碑传播意愿的回归分析

以农户推荐意愿为因变量，影响因素为自变量，采取逐步回归，进行 logistic

回归分析。在第四步得到如下所示结果。从表5-16和表5-17看，模型卡方检验值为67.099，p值为0.000；极大似然值为288.168，可见其具有统计学意义。表5-18表明质量、品牌、价格和服务是影响农户口碑传播的主要因素。

表5-16　影响因素与口碑传播意愿回归模型系数检验

		Chi-square	df	Sig.
Step4	Model	67.099	4	0.000（<0.001）

表5-17　影响因素与口碑传播意愿回归模型概要

Step 4	−2 Log likelihood	Cox & Snell R Square	Nagelkerke R Square
	288.168	0.218	0.299

表5-18　影响因素与口碑传播意愿回归模型最终方程中所含的变量

项 目		B	S. E.	Wald	df	Sig.	Exp（B）
	服　务	0.360	0.150	5.773	1	0.016	1.434
	质　量	0.473	0.147	10.415	1	0.001	1.605
Step 4	价　格	0.631	0.156	16.373	1	0.000	1.880
	品　牌	0.964	0.168	32.883	1	0.000	2.623
	常　数	−0.818	0.154	28.071	1	0.000	0.441

5.5　农户种子价值判断影响因素的验证性因子分析

通过相关分析、探测性因子分析和回归分析，将可能影响农户对现有采用种子评价和态度的因素提炼出四个主成分并分析了这些因子对农户重复购种子意愿、向他人推荐意愿以及满意度的影响。但由于这四个因子与农户重复购种子意愿、向他人推荐意愿以及满意度都是潜变量，且相互之间具有复杂的因果关系，因此简单地利用传统的相关分析和回归分析进行模型分析和假设验证存在着不能全面了解变量之间关系的局限性，为此，将总体满意度、重复购种、推荐意愿作为农户对现有种子价值判断的衡量指标，进一步用结构方程模型技术分析四个主成分对农户种子价值判断的影响，以检验探测性因子分析的结果。

结构方程模型（structural equation modeling）是一种现代多元统计分析技术，它可以同时分析观测变量（observed variables）和潜在变量（latent variables）以及多个潜在变量之间的相互关系，通过考察理论模型和实证数据的拟合（fitness）程度来评价模型和验证假设。结构方程模型技术具有可以同时处理多个因变量、允许自变量和因变量含有测量误差、同时估计因子结构和因子关系以及可以估计整个模型的拟合程度等一系列优点，目前在社会科学研究中得到了广泛应用。结构方程模型包含测量模型（measurement model）与结构模型（structural model）两个部分。测量模型部分用来分析观测变量与潜在变量之间的关系，也称为验证性因子分析模型，它可以检验模型的信度和效度；结构模型部分用来分析潜在变量之间的关系，也称为因果关系模型，它可以检验模型的研究假设。结构方程模型的分析过程主要包括三个步骤：①模型构建（specification），即首先根据理论分析或以往研究成果建构初始理论模型，并指定观测变量与潜在变量（因子）的关系以及各潜在变量之间的相互关系；②模型拟合（fitting），即对模型的参数进行估计，最常用的方法包括最大似然法和最小二乘法；③模型评价（assessment）与修正（modification），即在进行模型参数估计之后，根据一系列评价指标对模型与数据的整体拟合程度和参数的估计值进行评价。如果模型与数据的拟合程度不佳，就应该对模型进行修正以提高模型拟合程度。

5.5.1　模型构建及研究假设

根据本文已做相关性分析、探测性因子分析和回归分析得出的研究结论和已有研究成果构建以下研究模型（图5-1）。

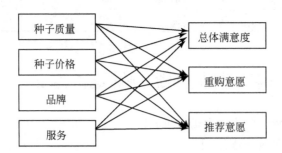

图 5-1　结构方程研究模型

上述模型中各变量的测量项目见表 5-19。

表 5-19　结构模型变量的测量项目

变　量	测量条款
种子质量	该种子的产量明显高于您所知道的其他种子的产量
	该种子的发芽率明显高于其他种子
	该种子的出油率明显高于其他种子
	该种子的抗性明显高于其他种子

变　量	测量条款
品　牌	面对众多的种子品种，您总能很快认出您现在使用的那个品种
	当您下次购种时，总能马上想起现正在使用的这个品种
价　格	与同类品种比，您觉得所使用品种的价格很高
	在相近的质量下，您觉得您所使用品种的价格很高
服　务	卖种者对您们的建议和投诉都给予接受和处理
	买种的时候，卖种者积极向您们提示种植应注意的问题
	种植过程中出现的问题总能得到及时的解决
总体满意度	整体而言，该品种种子各方面都比较符合使用前您的期望
重复购买意愿	您还会继续购买这个品种
推荐意愿	您会向亲人、朋友或邻居等推荐该品种

根据研究模型，提出以下假设：

H_1：种子质量显著影响农户对所购种子的满意度。

H_2：种子质量显著影响农户的重购意愿。

H_3：种子质量显著影响农户向他人推荐的意愿。

H_4：种子价格显著影响农户对所购种子的满意度。

H_5：种子价格显著影响农户的重购意愿。

H_6：种子价格显著影响农户向他人推荐的意愿。

H_7：品牌显著影响农户对所购种子的满意度。

H_8：品牌显著影响农户的重购意愿。

H_9：品牌显著影响农户向他人推荐的意愿。

H_{10}：服务显著影响农户对所购种子的满意度。

H_{11}：服务显著影响农户的重购意愿。

H_{12}：服务显著影响农户向他人推荐的意愿。

结构方程模型由两个部分构成，即测量模型和结构模型，根据测量模型进行验证性因子分析可以分析观测变量和潜在变量之间的关系，即分析观测变量和潜在变量的信度和效度。在进行结构方程模型分析之前，本文首先将研究模型转化为结构方程模型的表现形式（图5-2），图5-2中各变量的定义及测量见表5-19和表5-20。

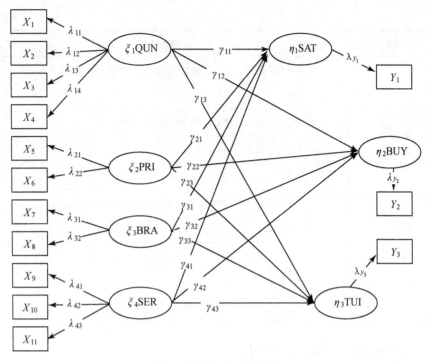

图 5-2　结构方程模型图

表 5-20　结构方程模型变量表

变量类型	潜在变量		观测变量	
	符　号	含　义	符　号	含　义
外生潜在变量	ξ_1（QUN）	种子质量	X_1（qun_1）	（1）
			X_2（qun_2）	（2）
			X_3（qun_3）	（3）
			X_4（qun_4）	（4）
	ξ_2（PRI）	种子价格	X_5（pri_1）	（5）
			X_6（pri_2）	（6）
	ξ_3（BRA）	品　牌	X_7（bra_1）	（7）
			X_8（bra_2）	（8）
	ξ_4（SER）	服　务	X_9（ser_1）	（9）
			X_{10}（ser_2）	（10）
			X_{11}（ser_3）	（11）
内生潜在变量	η_1（SAT）	满意度	Y_1（sat_1）	（12）
	η_2（BUY）	重购意愿	Y_2（buy_1）	（13）
	η_3（TUI）	推荐意愿	Y_3（tui_1）	（14）

5.5.2 模型拟合度分析

采用 LISREL 8.70 对模型的整体拟合性进行分析，分析结果见表 5-21。

表 5-21 模型拟合程度分析表

指　标	理想值	实际值	符合情况
x^2/DF	小于 3	2.46	符合
P	小于 0.05	0.000	符合
RMSEA	小于 0.08	0.072	符合
NNFI	大于 0.90	0.852	接近
CFI	大于 0.90	0.908	符合
NFI	大于 0.90	0.852	接近

在结构方程模型技术中，模型与实际数据整体拟合程度需要通过一系列拟合指标来评价。参考 Bagozzi 和 Yi（1988）、Hair 等（1998）的观点，本文选取卡方与自由度（degrees of freedom）之比（x^2/df）、P 值、规范拟合指标（normed fit index，NFI）、不规范拟合指标（non-normed fit index，NNFI）、比较拟合指标（comparative fit index，CFI）、拟合度指标（goodness of fit index，GFI）和近似误差均方根（root mean square error of approximation，RMSEA）作为模型拟合程度的评价指标。从表 5-22 可以看出，除 NFI 和 NNFI 两项指标之外，其他各项评价指标均达到了理想的标准，NFI、NNFI 虽然略低于专家的建议值，但也已经非常接近，因此可以认为模型和数据的整体拟合程度是良好的。

5.5.3 测量模型的信度效度分析和结构模型检验

采用 LISREL 8.70 统计软件对反映潜在变量与观测变量关系的测量模型的信度和效度进行分析，并对结构模型进行检验，以确认各个潜变量之间的相互关系，输出结果如图 5-3、图 5-4 所示。其中，图 5-3 主要显示的是观测变量的标准化因子负荷和潜变量之间的标准化路径系数，图 5-4 主要显示了标准化因子负荷和标准化路径系数的 T 值，由此可判断模型的信度、效度和变量之间关系的显著度。

对图 5-3 和图 5-4 数据进行整理得到表 5-22 和表 5-23。

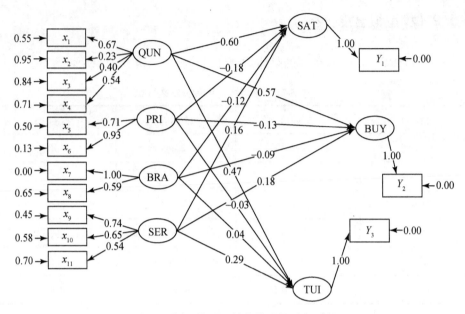

图 5-3　测量模型和结构模型的路径系数

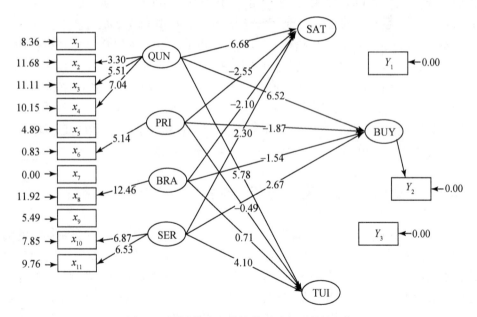

图 5-4　测量模型和结构模型路径系数的 t 值

表 5-22　测量模型效度分析表

路　径	标准化因子负荷	t 值
qun→x_1	0.67	—
qun→x_2	0.23	3.30**
qun→x_3	0.40	5.51**
qun→x_4	0.54	7.04**
pri→x_5	0.71	—
pri→x_6	0.93	5.14**
bra→x_7	1.00	—
bra→x_8	0.59	12.46**
ser→x_9	0.74	—
ser→x_{10}	0.65	6.87**
ser→x_{11}	0.54	6.53**

注：分析时，设定每一个潜在变量与其第一个观测变量的因子负荷为固定值，所以 t 值没有显示；* $P < 0.05$（$|T| > 1.96$，则在 0.05 的显著性水平上显著）；** $P < 0.01$（$|T| > 2.58$，则在 0.01 的显著性水平上显著）

表 5-23　结构模型中潜在变量关系分析表

路　径	标准化系数	t 值
qun→sat	0.60	6.68**
qun→buy	0.57	6.52**
qun→tui	0.47	5.78**
pri→sat	−0.18	−2.25*
pri→buy	−0.13	−1.87
pri→tui	−0.03	−0.49
bra→sat	−0.12	−2.10*
bra→buy	−0.09	−1.54
bra→tui	0.04	0.71
ser→sat	0.16	2.30*
ser→buy	0.18	2.67**
ser→tui	0.29	4.10**

* $P < 0.05$（$|T| > 1.96$，则在 0.05 的显著性水平上显著）；** $P < 0.01$（$|T| > 2.58$，则在 0.01 的显著性水平上显著

　　潜在变量的收敛效度由观测变量的标准化因子负荷（standardized factor loading）测量。Fornell 和 Larcker（1981）认为，潜在变量下属各观测变量的标准化

因子负荷均大于 0.5，且达到显著，则表明该潜在变量具有较好的收敛效度。Ba-gozzi 和 Yi（1988）认为，SMC 在 0.5 以上，是较好的。由表 5-22 可知，本研究中各观测变量的标准化因子负荷除 qun→x_2 和 qun→x_3 外，其余均在 0.5 以上，而且 T 值都达到了 0.01 的显著性水平，因此可以认为大多数观测变量能较好地收敛于相应的潜在变量，测量模型具备良好的收敛效度。表 5-23 显示，种子质量对农户总体满意度、重购意愿和推荐意愿路径系数为正且达到了 0.01 的显著性水平，因此，可以推论种子质量对农户总体满意度、农户重购意愿以及推荐意愿具有显著的正向影响；虽然价格对农户总体满意度、农户重购意愿和推荐意愿的路径系数均为负，但只有价格对农户总体满意度的路径系数达到了 0.05 的显著性水平，因此只能认为价格高低对农户总体满意度有显著的负向影响；品牌识别与品牌记忆对农户总体满意度有显著负向影响，对农户重购意愿和推荐意愿影响均不显著；服务对农户总体满意度、重购意愿和推荐意愿路径系数为正且达到或接近 0.01 的显著性水平，故服务对农户总体满意度、重购意愿和推荐意愿有显著正向影响。

至此，上文提出的研究假设大部分得到了验证。分析结果说明，由种子因素提炼出的四个因子（主成分）对农户总体满意度、重购意愿和推荐意愿均在一条或多条路径系数上达到显著性水平，说明这四个因子对农户的价值判断都有一定影响。其中种子质量对农户总体满意度、重购意愿和推荐意愿路径系数为正且达到了 0.01 的显著性水平，服务对农户总体满意度、重购意愿和推荐意愿路径系数为正且达到或接近 0.01 的显著性水平，说明种子质量和服务是影响农户价值判断的最主要指标。

5.6　本章小结

1）通过相关分析、回归分析、因子分析和结构方程模型分析，发现影响农户对现有种子的总体满意度、重复购种意愿和推荐意愿的种子因素是由种子增产潜力、种子发芽率、种子出油率和种子抗性等因素构成的种子质量因素；由 3 种服务（卖种者对您的建议和投诉都给予接受和处理，买种的时候，卖种者积极向您提示种植应注意的问题，种植过程中出现的问题总能得到及时的解决）构成的服务因素；由价格满意度和价格合理性构成的种子价格因素；由品牌联想和品牌记忆构成的品牌因素。说明影响农户对种子价值判断的主要因素为种子质量、服务、品牌和价格。

2）相关分析结果显示，在所列示的 14 个可能影响农户品牌忠诚度因素中，每一个因素都与显示忠诚度的一个或者几个指标显著相关，说明上述 14 个因素都从不同角度或在不同程度上影响农户的效用，都有可能影响农户对种子的价值判断。其中，种子增产潜力、种子抗性、种子出油率、品牌联想、品牌记忆、服务等指标与表现农户品牌忠诚度的每一个指标都呈现显著正相关。

3）因子分析结果显示，影响农户品牌忠诚度的指标具有较好的收敛效度，14个变量中有11个变量在至少一个因子上载荷达到0.6以上，且具有较高载荷的因子变量有规律地收敛在种子质量、价格、品牌和服务四个公共因子上。回归分析和结构方程模型分析结果表明，这四个公共因子分别与体现农户品牌忠诚度的一个指标或多个指标关系显著。其中种子质量和服务与体现农户品牌忠诚度的三个指标均显著正相关，说明在农户对种子的价值判断中，相对于价格和品牌，种子质量和服务的影响更大。

4）在样本总体注重种子质量、服务、品牌和价格的前提下，通过聚类分析，发现不同农户在购买种子时，体现出不同的行为偏好。主要有四类：一是注重服务质量型，占样本总量的36.46%；二是注重服务品牌型，占样本总量的15.52%；三是注重价格型，占样本总量的14.44%；四是注重质量型，占样本总量的35.58%。这既说明种子市场的多样化需求已经产生，同时通过各个细分市场的比例也看出，种子市场需求正处于由传统向现代、由初级向成熟过度的阶段，一方面，完全注重价格的农户比例在减少，但同时注重品牌和服务型等体现现代、成熟购买理念的农户所占比例也不多，大量的还是注重种子质量、服务等以务实购买为主的农户。上述结论在一定程度上论证了种子企业通过改善产品质量和加强技术服务以提升价值创造空间以及进行市场细分的必要性和可行性。

5）通过对四类细分市场的人口统计学特征分析及差异显著性检验显示，年龄、文化程度、种植目的、种植方式、耕地面积等因素都对农户购买种子时的行为偏好有显著影响，年龄越大，文化程度越低，越趋向于传统的、节俭的购买行为，年龄越小，越趋向于注重品牌和服务等现代购买行为。这一结论为种子企业进行市场细分、有效到达细分市场提供了参考。

第6章
基于农户角度的油菜种子价值要素贡献份额测量

在顾客主导和竞争激烈的条件下，企业的竞争优势主要来源于为顾客创造价值的能力（波特，1997；Woodruff，1997）。市场营销理论认为，随着需求被满足水平的不断提高，顾客对产品的需求开始呈现出多层次、多样化的特征。产品作为企业向顾客提供价值的基本载体，在生产者和顾客眼中，也由混沌唯一的整体演化为由多个层次和属性构成的层次井然的结构（Bennett，1988；Majaro，1993；Zikumand et al.，1993；Levitt，1980；科特勒，1999）。对顾客而言，产品的这些层次或属性可以满足其不同水平和方面的需求，其价值或效用并不完全相同（科特勒，2003），而且相互之间也不能完全替代。因此，企业为顾客创造价值的能力不仅体现为总价值的大小，而且体现为满足顾客对产品层次或属性偏好的程度。特征消费理论也认为，消费者之所以购买特定产品，是因为该产品具有消费者所需要的特征，消费者对产品的满足来自这些特征所产生的效用。因此，产品对消费者的效用取决于产品所具有的满足消费者需求的各种特征和属性。产品的特征和属性不同，消费者对其效用或边际效用的评价不尽相同（Lancaster，1966；Rosen，1974）。对于品质较好的产品，生产者会制定较高的价格，消费者愿意支付的价格也较高。这些都说明，从顾客角度而言，产品内在的属性和特征是产品价值的重要构成元素。顾客对产品价值或者效用的评价，不仅取决于产品的数量，也取决于他们对构成产品的一系列层次、特征与属性的偏好。因此，企业要提升其价值创造能力继而提升其核心竞争力，必须了解顾客对产品价值构成要素重要性的评价和各个价值要素对产品总价值（效用）的贡献份额。

种子是农业生产重要的投入品，面对日益加剧的国际国内竞争态势，种子企业要增强和保持竞争优势，同样必须回答这些问题：种子商品的各种属性对农户的重要程度如何？在同样的（机会）成本下，种子所具有的哪些特性最能赢得农户满意？这些都可以归结为种子价值要素的效用及其对总价值的贡献份额问题。为此，本章在第5章研究结论基础上，确定基于农户角度的种子价值要素，并对这些要素在单位种子总价值中所占比例进行测量，以探讨各个价值要素对以货币表现的农户认可的单位种子总价值所做的贡献，为种子企业改进整体产品，提升价值创造空间提供更具体的参考。

6.1 研究设计

6.1.1 价值要素确定及定义

第5章研究结果显示，影响农户价值判断的因素是种子质量、服务、品牌和价格。本章主要测量种子价值要素对单位种子价值的贡献份额。考虑到在竞争比较充分的条件下，种子的市场价格接近于种子价值，因此，本研究以农户愿意接受的价格为单位种子的总价值并将其作为本章研究的因变量。同时，由于第5章中服务包括三个语义问句（卖种者对你们的建议和投诉都给予接受和处理；买种时，卖种者积极向你们提示种植应注意的问题；种植过程中出现的问题总能得到及时的解决），这三个问句所包含的内容可以分解为技术服务与销售服务，而且在课题组深入访谈时，也发现种子零售网点对种子的推荐介绍对农户以一定价格购买种子有一定影响，因此，将第5章的服务因素分解为服务和销售促进。所以，基于农户角度的种子价值要素可以确定为种子质量、品牌、技术服务和销售宣传。具体的变量定义是：

1）种子质量：种子核心产品的质量，包括种子的增产潜力、发芽率、出油率和抗性等，其中，以种子的增产潜力和抗性为主要代表。

2）品牌：指农户对市场上主要种子品牌所代表的产品质量、公司实力和信誉的总体感受。

3）技术服务：指农户购买种子时所得到的技术指导和种植过程中所得到的技术支持。

4）销售宣传：指种子广告宣传、种植示范和销售人员的业务素质等。

6.1.2 种子各价值要素（属性）水平和虚拟产品的确定

本文采用联合分析法研究农户对种子价值要素效用的评价。运用联合分析法分析产品属性效用的一个关键步骤是确定产品或服务的属性与属性水平，并采用正交设计的方法将这些属性的不同水平进行组合，生成一系列虚拟产品即产品轮廓。为此，课题组根据湖北省油菜主产区种子市场的实际情况，对种子质量、品牌、服务和销售宣传四个价值要素（这里的"价值要素"等同于联合分析法中的产品"属性"）的水平进行确定（表6-1），并采用正交设计的方法将这些要素的不同水平进行组合，得到九个虚拟产品（表6-2）。

表6-1　属性及属性各个水平的定义

属　性	水　平	描　述
质　量	1	150千克以下，抗性较差
	2	150~200千克，抗性一般
	3	200千克以上，抗性强
品　牌*	1	A公司拥有的品牌
	2	B公司拥有的品牌
	3	C公司拥有的品牌
服　务	1	几乎没有技术服务和信息服务
	2	提供施肥和病虫害防治等技术服务
销售宣传	1	没有关于产品和公司的宣传
	2	销售点有海报、手册和横幅等宣传资料
	3	除在销售点有海报、手册和横幅等外，还在电视上做广告或有专门的宣传车下乡宣传

*对品牌的描述采用阿拉伯数字主要是基于尊重品牌拥有公司的考虑

表6-2　虚拟产品描述

虚拟产品编号	虚拟产品说明
1	第2种品牌的种子；产量200千克以上，抗性强；几乎没有技术服务和信息服务；也没有关于产品和公司的宣传
2	第3种品牌的种子；产量200千克以上，抗性强；几乎没有技术服务和信息服务；销售点有海报、手册和横幅等宣传资料
3	第1种品牌的种子；产量150~200千克，抗性一般；几乎没有技术服务和信息服务；销售点有海报、手册和横幅等宣传资料
4	第3种品牌的种子；产量150~200千克，抗性一般；提供施肥和病虫害防治等技术服务；没有关于产品和公司的宣传
5	第2种品牌的种子；产量150~200千克，抗性一般；几乎没有技术服务和信息服务；除在销售点有海报、手册和横幅等外，还在电视上做广告或有专门的宣传车下乡宣传
6	第3种品牌的种子；产量150千克以下，抗性较差；几乎没有技术服务和信息服务；除在销售点有海报、手册和横幅等外，还在电视上做广告或有专门的宣传车下乡宣传
7	第1种品牌的种子；产量150千克以下，抗性较差；几乎没有技术服务和信息服务；也没有关于产品和公司的宣传
8	第1种品牌的种子；产量200千克以上，抗性强；提供施肥和病虫害防治等技术服务；除在销售点有海报、手册和横幅等外，还在电视上做广告或有专门的宣传车下乡宣传
9	第2种品牌的种子；产量150千克以下，抗性较差；提供施肥和病虫害防治等技术服务；销售点有海报、手册和横幅等宣传资料

6.1.3 问卷设计与调查

通过正交设计形成虚拟产品后，接着要了解顾客对每一种虚拟产品的评价或排序，以此作为计算产品各属性（价值要素）的"效用"或"价值"的基本信息。课题组采用问卷调查的方式获得这一信息。

调查问卷由两部分组成。第一部分主要收集农户基本信息，包括户主的性别、年龄、文化程度，农户家庭年收入、油菜种植面积等；第二部分主要是对 9 个虚拟产品的描述，每个虚拟产品后面给出价格范围（10～50 元/0.5 千克种子），请农户在他们认为合适（愿意支付）的价格点上做标记，另外，也加入一个强制分配题项，请农户将一定的价格在种子质量、品牌、服务和宣传四个因素间进行直接分配。

本课题组选择湖北省油菜主产区的荆门、荆州两个地级市和潜江一个县级市为调查区域。该地区油菜种子市场竞争格局基本形成，较其他地区，农户有更大的自主选择权，他们对某一种子愿意接受的价格可能更接近于他们对该种子价值的认同。

调查由 3 名经过培训的研究生直接入户进行。为保证问卷质量，将每名调查员每天完成的问卷控制在 5 份以内，调查历时一个月，共回收问卷 313 份，其中，有效问卷 311 份，有效率达 99.36 %。

6.1.4 模型的选择

在获得了顾客对每一个虚拟产品排序、评价的信息后，就可以从这些信息中分离出顾客对产品每一属性的偏好值，这些偏好值也就是该属性的"效用"或"价值"。采用联合分析法估计顾客对产品各个属性的偏好值，其具体的数据处理方法有多种，本文选择多元线性回归模型进行处理，并用最小二乘法估计其参数。该模型是对一组由自变量组成的模拟矩阵进行回归，每个自变量表示一个属性水平的有或无，因变量则是顾客对一个虚拟产品的整体效用的评价。估计所用的模型可表示如下：

$$U = b_0 + b_1 x_1 + b_2 x_2 + b_3 x_3 + b_4 x_4 + b_5 x_5 + b_6 x_6 + b_7 x_7 \tag{6-1}$$

式中，各变量的含义见表6-3。

表6-3 回归模型中各变量的含义

变 量	含 义
U	农户对某一虚拟种子整体效用的评价，用农户对该虚拟种子愿意接受的价格进行测量

变量	含义
x_1，x_2	种子质量的0-1变量。其中，（1，0）表示种子增产潜力在150千克以下，抗性较差；（0，1）表示种子增产潜力在150~200千克，抗性一般；（0，0）表示种子增产潜力在200千克以上，抗性强
x_3，x_4	品牌的0-1变量。其中，（1，0）表示A公司拥有的品牌；（0，1）表示B公司拥有的品牌；（0，0）表示C公司拥有的品牌
x_5	服务的0-1变量。其中，1表示没有服务；0表示有防治病虫和水肥等田间管理的信息或服务
x_6，x_7	销售促进的0-1变量。其中，（1，0）表示没有任何宣传；（0，1）表示销售点有海报、手册和横幅等宣传资料；（0，0）表示除在销售点有海报、手册和横幅等外，还在电视上做广告或有专门的宣传车下乡宣传
b_0	常数项
b_1	种子质量属性第一水平效用与第三水平效用的差距
b_2	种子质量属性第二水平效用与第三水平效用的差距
b_3	A公司品牌效用与C公司品牌效用的差距
b_4	B公司品牌效用与C公司品牌效用的差距
b_5	服务属性的第一水平效用与第二水平效用的差距
b_6	销售宣传属性第一水平效用与第三水平效用的差距
b_7	销售宣传属性第二水平效用与第三水平效用的差距

6.2　样本农户的基本信息分析

由表6-4可看出，接受调查的农民大多数为男性，占到86.82%，这可能与目前农村户主大部分是男性有关；大多数年龄集中在40~60岁，说明目前农村在家务农的以中老年为主，许多年轻人都外出打工或者不愿意从事农业；文化程度集中在小学和初中，整体文化水平偏低；农户拥有耕地面积大多在15亩以下，油菜种植规模不大，大部分在10亩以下，家庭年收入大部分在2万元以下，种植油菜的目的绝大部分为了出售，且油菜种植收入在家庭年收入的比例一般在20%左右，说明油菜种植在农户家庭经济生活中比较重要。样本总体呈现的人口统计变量和农户家庭种植及经济状况与我国目前农村现实基本吻合，说明样本选择具有一定代表性。

表 6-4　受访农户基本信息

个人特征	类　别	频　数	百分比/%	个人特征	类　别	频　数	百分比/%
性　别	男	270	86.82	油菜种植面积	小于 5 亩	70	22.51
					5～10 亩	95	30.55
	女	41	13.18		10～15 亩	80	25.72
					15 亩以上	66	21.22
年　龄	40 岁以下	58	18.65	家庭年收入	0～1 万元	74	23.79
	40～60 岁	215	69.13		1 万～2 万元	127	40.84
	60 岁以上	38	12.22		2 万元以上	110	35.37
受教育程度	未上过学	51	16.40	油菜种植收入占年总收入比例/%	0～10	55	17.69
	小学	132	42.45		10～20	79	25.40
	初中	119	38.26		20～30	72	23.15
	高中	8	2.57		30～40	85	27.33
	大专及以上	1	0.32		40 以上	20	6.43
种植方式	移栽	297	95.50	耕地面积	小于 5 亩	50	16.08
	直播	14	4.50		5～10 亩	65	20.90
种植目的	自用	25	8.04		10～15 亩	71	22.83
	出售	286	91.96		15 亩以上	125	40.19

6.3　价值要素强制分配结果分析

6.3.1　价值要素强制分配比例

由表 6-5～表 6-8 可知，当农户用 10 元钱购买种子时（或者他认为种子值 10 元时）其中，70% 以上的被试农户认为种子质量值 6～8 元，对品牌、服务和宣传的价值分配比较分散，但总体而言，80% 以上的被试对这三种要素的价值分配集中在 2 元或以下。

表 6-5　质量在总价值中所占比例

		Frequency	Percent	Valid Percent	Cumulative Percent
Valid	0.00	2	0.6	0.6	0.6
	2.00	3	1.0	1.0	1.6
	3.00	2	0.6	0.6	2.3
	3.50	2	0.6	0.6	2.9

		Frequency	Percent	Valid Percent	Cumulative Percent
Valid	4.00	26	8.3	8.4	11.3
	5.00	45	14.3	14.5	25.8
	5.50	1	0.3	0.3	26.1
	6.00	63	20.0	20.3	46.5
	7.00	68	21.6	21.9	68.4
	8.00	64	20.3	20.6	89.0
	9.00	17	5.4	5.5	94.5
	10.00	17	5.4	5.5	100.0
	Total	310	98.4	100.0	
Missing	System	5	1.6		
Total		315	100.0		

表 6-6 品牌在总价值中所占比例

		Frequency	Percent	Valid Percent	Cumulative Percent
Valid	0.00	106	33.7	34.2	34.2
	0.50	1	0.3	0.3	34.5
	1.00	68	21.6	21.9	56.5
	1.50	1	0.3	0.3	56.8
	2.00	78	24.8	25.2	81.9
	3.00	31	9.8	10.0	91.9
	3.50	2	0.6	0.6	92.6
	4.00	15	4.8	4.8	97.4
	5.00	5	1.6	1.6	99.0
	7.00	2	0.6	0.6	99.7
	10.00	1	0.3	0.3	100.0
	Total	310	98.4	100.0	
Missing	System	5	1.6		
Total		315	100.0		

表 6-7 服务在总价值中所占比例

		Frequency	Percent	Valid Percent	Cumulative Percent
Valid	0.00	128	40.6	41.3	41.3
	0.50	1	0.3	0.3	41.6

		Frequency	Percent	Valid Percent	Cumulative Percent
Valid	1.00	116	36.8	37.4	79.0
	2.00	52	16.5	16.8	95.8
	3.00	10	3.2	3.2	99.0
	4.00	2	0.6	0.6	99.7
	5.00	1	0.3	0.3	100.0
	Total	310	98.4	100.0	
Missing	System	5	1.6		
Total		315	100.0		

表6-8 销售宣传在总价值中所占比例

		Frequency	Percent	Valid Percent	Cumulative Percent
Valid	0.00	83	26.3	26.8	26.8
	0.50	1	0.3	0.3	27.1
	1.00	137	43.5	44.2	71.3
	1.50	1	0.3	0.3	71.6
	2.00	61	19.4	19.7	91.3
	3.00	22	7.0	7.1	98.4
	4.00	4	1.3	1.3	99.7
	5.00	1	0.3	0.3	100.0
	Total	310	98.4	100.0	
Missing	System	5	1.6		
Total		315	100.0		

6.3.2 农户个人特征及家庭生产经营状况与价值要素分配的单因素方差分析

6.3.2.1 年龄与价值分配额的单因素方差分析

由表6-9可知,不同年龄对种子质量和品牌两个要素价值的分配存在显著差异,分别在0.021和0.001的水平上显著。年龄对服务和宣传两个要素的价值认知不显著。

表 6-9　年龄与价值分配额的单因素方差分析

指标	内容	Sum of Squares	df	Mean Square	F	Sig.
质　量	组间方差	192.119	44	4.366	1.544	0.021
	组内方差	749.192	265	2.827		
	总方差	941.311	309			
品　牌	组间方差	156.624	44	3.560	1.957	0.001
	组内方差	481.973	265	1.819		
	总方差	638.597	309			
服　务	组间方差	43.745	44	0.994	1.294	0.114
	组内方差	203.530	265	0.768		
	总方差	247.275	309			
宣　传	组间方差	43.055	44	0.979	1.095	0.325
	组内方差	236.787	265	0.894		
	总方差	279.842	309			

6.3.2.2　文化程度与价值分配额的单因素方差分析

从表 6-10 可看出，文化程度显著影响对服务要素的价值分配大小（在 0.091 的水平上显著），而对质量、品牌和宣传等要素的价值大小认知没有显著影响。

表 6-10　文化程度与价值分配额的单因素方差分析

指标	内容	Sum of Squares	df	Mean Square	F	Sig.
质　量	组间方差	6.445	4	1.611	0.526	0.717
	组内方差	934.866	305	3.065		
	总方差	941.311	309			
品　牌	组间方差	2.871	4	0.718	0.344	0.848
	组内方差	635.726	305	2.084		
	总方差	638.597	309			
服　务	组间方差	6.392	4	1.598	2.023	0.091
	组内方差	240.883	305	0.790		
	总方差	247.275	309			
宣　传	组间方差	1.008	4	0.252	0.276	0.894
	组内方差	278.834	305	0.914		
	总方差	279.842	309			

6.3.2.3 耕地面积与价值分配额的单因素方差分析

从表6-11中可以得到，农户家庭耕地面积多少影响其对种子质量和种子品牌两个要素的价值分配（分别在0.003和0.002的水平上显著），对服务和宣传要素的价值分配影响不明显。

表6-11 耕地面积与价值分配额的单因素方差分析

指标	内容	Sum of Squares	df	Mean Square	F	Sig.
质 量	组间方差	211.291	43	4.914	1.790	0.003
	组内方差	730.019	266	2.744		
	总方差	941.311	309			
品 牌	组间方差	145.724	43	3.389	1.829	0.002
	组内方差	492.873	266	1.853		
	总方差	638.597	309			
服 务	组间方差	41.716	43	0.970	1.255	0.145
	组内方差	205.559	266	0.773		
	总方差	247.275	309			
宣 传	组间方差	46.337	43	1.078	1.228	0.169
	组内方差	233.504	266	0.878		
	总方差	279.841	309			

6.3.2.4 油菜种植面积与价值分配额的单因素方差分析

表6-12 油菜种植面积与要素价值分配的单因素方差分析

指标	内容	Sum of Squares	df	Mean Square	F	Sig.
质 量	组间方差	186.061	34	5.472	1.993	0.001
	组内方差	755.249	275	2.746		
	总方差	941.310	309			
品 牌	组间方差	96.036	34	2.825	1.432	0.064
	组内方差	542.561	275	1.973		
	总方差	638.597	309			
服 务	组间方差	53.635	34	1.577	2.240	0.000
	组内方差	193.640	275	0.704		
	总方差	247.275	309			

内 容 指 标		Sum of Squares	df	Mean Square	F	Sig.
宣 传	组间方差	42.244	34	1.242	1.438	0.061
	组内方差	237.598	275	0.864		
	总方差	279.842	309			

从表 6-12 中可看出，农户家庭的油菜种植面积对种子质量、品牌、服务和宣传四个要素的价值分配均有显著影响，分别在 0.001、0.064、0.000 和 0.061 的水平上显著。这揭示了一个现实：农户某一作物的种植或经营规模对农户对种子的价值判断和购种行为有着全面的影响。

6.3.2.5 种植方式与要素价值分配额的单因素方差分析

由表 6-13 可知，农户油菜种植方式（移栽或直播）对种子质量和宣传两个要素的价值分配大小有影响（分别在 0.038 和 0.067 的水平上显著），对品牌和服务质量的价值分配影响不显著。

表 6-13 种植方式与要素价值分配的单因素方差分析

内 容 指 标		Sum of Squares	df	Mean Square	F	Sig.
质 量	组间方差	13.143	1	13.143	4.361	0.038
	组内方差	928.167	308	3.014		
	总方差	941.310	309			
品 牌	组间方差	0.624	1	0.624	0.301	0.584
	组内方差	637.973	308	2.071		
	总方差	638.597	309			
服 务	组间方差	0.919	1	0.919	1.148	0.285
	组内方差	246.356	308	0.800		
	总方差	247.275	309			
宣 传	组间方差	3.028	1	3.028	3.369	0.067
	组内方差	276.814	308	0.899		
	总方差	279.842	309			

6.3.2.6 种植目的与要素价值分配额的单因素方差分析

由表 6-14 可知，农户种植油菜的目的（出售和自用）对种子质量、品牌的价值分配大小影响显著（分别在 0.079 和 0.014 的水平上显著），对服务和宣传的价值分配影响不显著。

表 6-14　种植目的与要素价值分配的单因素方差分析

指　标	内　容	Sum of Squares	df	Mean Square	F	Sig.
质　量	组间方差	9.425	1	9.425	3.115	0.079
	组内方差	931.886	308	3.026		
	总方差	941.311	309			
品　牌	组间方差	12.455	1	12.455	6.127	0.014
	组内方差	626.142	308	2.033		
	总方差	638.597	309			
服　务	组间方差	0.329	1	0.329	0.410	0.522
	组内方差	246.946	308	0.802		
	总方差	247.275	309			
宣　传	组间方差	1.116	1	1.116	1.233	0.268
	组内方差	278.726	308	0.905		
	总方差	279.842	309			

6.3.2.7　家庭收入与要素价值分配额的单因素方差分析

由表 6-15 可知，农户家庭收入对种子质量、品牌和宣传要素的价值分配额影响显著（分别在 0.041、0.000 和 0.023 的水平上显著），对服务要素的价值分配影响不明显。说明不同收入水平的农户在质量、品牌和宣传要素的价值分配上存在显著差异。

表 6-15　家庭总收入与要素价值分配的单因素方差分析

指　标	内　容	Sum of Squares	df	Mean Square	F	Sig.
质　量	组间方差	151.958	36	4.221	1.500	0.041
	组内方差	666.805	237	2.814		
	总方差	818.763	273			
品　牌	组间方差	138.324	36	3.842	2.328	0.000
	组内方差	391.136	237	1.650		
	总方差	529.460	273			
服　务	组间方差	31.788	36	0.883	1.122	0.301
	组内方差	186.556	237	0.787		
	总方差	218.344	273			

内 容 指 标		Sum of Squares	df	Mean Square	F	Sig.
宣 传	组间方差	50.678	36	1.408	1.593	0.023
	组内方差	209.413	237	0.884		
	总方差	260.091	273			

6.3.2.8 油菜种植收入占家庭总收入比例与要素价值分配额的单因素方差分析

由表 6-16 可知，油菜种植收入占家庭总收入比例对种子质量、品牌的价值分配额影响显著（均在 0.000 水平上显著），对服务、宣传的价值分配额无显著影响。

表 6-16 油菜种植收入比例与要素价值分配的单因素方差分析

内 容 指 标		Sum of Squares	df	Mean Square	F	Sig.
质 量	组间方差	159.720	18	8.873	3.289	0.000
	组内方差	731.160	271	2.698		
	总方差	890.880	289			
品 牌	组间方差	93.117	18	5.173	2.945	0.000
	组内方差	476.087	271	1.757		
	总方差	569.204	289			
服 务	组间方差	17.638	18	0.980	1.242	0.227
	组内方差	213.783	271	0.789		
	总方差	231.421	289			
宣 传	组间方差	10.072	18	0.560	0.585	0.909
	组内方差	259.131	271	0.956		
	总方差	269.203	289			

6.3.2.9 对相关要素满意程度与要素价值分配额的单因素方差分析

表 6-17 对产量的满意度与要素价值分配的单因素方差分析

内 容 指 标		Sum of Squares	df	Mean Square	F	Sig.
质 量	组间方差	6.430	2	3.215	1.055	0.350
	组内方差	932.882	306	3.049		
	总方差	939.312	308			

	内 容 指 标	Sum of Squares	df	Mean Square	F	Sig.
品 牌	组间方差	11.953	2	5.976	2.928	0.055
	组内方差	624.669	306	2.041		
	总方差	636.622	308			
服 务	组间方差	11.383	2	5.691	7.384	0.001
	组内方差	235.870	306	0.771		
	总方差	247.253	308			
宣 传	组间方差	1.358	2	0.679	0.746	0.475
	组内方差	278.469	306	0.910		
	总方差	279.827	308			

表 6-18 对服务的满意度与要素价值分配的单因素方差分析

	内 容 指 标	Sum of Squares	df	Mean Square	F	Sig.
质 量	组间方差	179.092	4	44.773	17.916	0.000
	组内方差	762.218	305	2.499		
	总方差	941.310	309			
品 牌	组间方差	38.663	4	9.666	4.914	0.001
	组内方差	599.934	305	1.967		
	总方差	638.597	309			
服 务	组间方差	37.113	4	9.278	13.465	0.000
	组内方差	210.162	305	0.689		
	总方差	247.275	309			
宣 传	组间方差	5.774	4	1.444	1.607	0.173
	组内方差	274.068	305	0.899		
	总方差	279.842	309			

表 6-19 对价格的满意度与要素价值分配的单因素方差分析

	内 容 指 标	Sum of Squares	df	Mean Square	F	Sig.
质 量	组间方差	18.631	3	6.210	2.060	0.106
	组内方差	922.679	306	3.015		
	总方差	941.310	309			
品 牌	组间方差	22.349	3	7.450	3.699	0.012
	组内方差	616.248	306	2.014		
	总方差	638.597	309			

内 容 指 标		Sum of Squares	df	Mean Square	F	Sig.
服 务	组间方差	2.300	3	0.767	0.958	0.413
	组内方差	244.975	306	0.801		
	总方差	247.275	309			
宣 传	组间方差	15.253	3	5.084	5.880	0.001
	组内方差	264.589	306	0.865		
	总方差	279.842	309			

表 6-17 ~ 表 6-20 显示，农户对产量的满意程度影响其对品牌、服务两个要素的价值分配额（分别在 0.055 和 0.001 水平上显著），农户对服务的满意度影响其对质量、品牌和服务的价值分配额（分别在 0.000、0.001 和 0.000 的水平上显著），农户对价格的满意度影响其对品牌和宣传要素的价值分配额（分别在 0.012 和 0.001 的水平上显著），农户对品牌的满意度影响其对质量、品牌和宣传的价值分配额（分别在 0.002、0.000 和 0.033 的水平上显著），由此可见，农户对现有种子价值要素的满意度也会从不同方面影响其对种子价值要素的价值大小认知。

表 6-20　对品牌信誉的满意度与要素价值分配的单因素方差分析

内 容 指 标		Sum of Squares	df	Mean Square	F	Sig.
质 量	组间方差	50.182	4	12.546	4.294	0.002
	组内方差	891.128	305	2.922		
	总方差	941.310	309			
品 牌	组间方差	46.649	4	11.662	6.009	0.000
	组内方差	591.948	305	1.941		
	总方差	638.597	309			
服 务	组间方差	4.791	4	1.198	1.506	0.200
	组内方差	242.484	305	0.795		
	总方差	247.275	309			
宣 传	组间方差	9.436	4	2.359	2.661	0.033
	组内方差	270.406	305	0.887		
	总方差	279.842	309			

6.4 农户角度价值要素效用（重要性）的分析
（以样本总体为分析对象）

6.4.1 价值要素效用的测量（以样本总体为分析对象）

原始样本数 313，剔除 2 个不合逻辑样本，对剩下的 311 个样本用 SAS8.1 统计软件进行处理，采用线性回归模型进行拟合，得到以下参数估计（表 6-21）。

表 6-21　总体参数估计

	b_0	b_1	b_2	b_3	b_4	b_5	b_6	b_7	R^2	F 值
估计值	42.1 ***	− 21.65 ***	− 7.61 ***	0.054	1.13 ***	1.70 ***	− 0.42	0.41	0.60	591.31 ***

* 在 0.1 水平上显著，** 在 0.05 水平上显著，*** 在 0.01 水平上显著

从表 6-21 可得，回归模型的决定系数 R^2 为 0.60，F 值的显著度为 0.01，说明自变量对因变量的解释程度较高，且整体显著度高。在要估计的 7 个系数中，有 4 个通过了 T 检验，3 个未通过；在 3 个未通过显著性检验的系数中，有 2 个在 0.2 的水平上显著。较之于能够有效控制实验过程和影响因素的实验室研究，实地的观察性研究中的因变量会受到更多因素的影响，且这些因素不一定都能被有效控制（陈晓萍和徐淑英，2008），因此，在一些以实地观察（问卷调查）为主的社会科学研究中，回归方程系数在 0.2 水平上也可以接受。自变量 x_3 的系数 b_3 不显著，说明 A 公司品牌效用与 C 公司品牌效用没有显著差异。但是，在对农户做深度访谈时，我们发现，一些农户对 A 公司品牌和 C 公司品牌的评价是有差异的，鉴于此，本文还是在回归模型中保 X_3。

按照联合分析法对估计模型中 $b_1 - b_n$ 的解释，b_1、b_2 分别表示种子质量因子第一水平效用、第二水平效用与第三水平效用即基础效用的差距，用 a_{11}、a_{12}、a_{13} 分别表示质量因子三个水平的效用得分，同时，三个水平的效用得分之和为零。则有方程组：

$$\left. \begin{array}{l} a_{11} - a_{13} = b \\ a_{12} - a_{13} = b_2 \\ a_{11} + a_{12} + a_{13} = 0 \end{array} \right\}$$

将 $b_1 = -21.65$、$b_2 = -7.61$ 代入方程组，则有

$$\left. \begin{array}{l} a_{11} - a_{13} = -21.65 \\ a_{12} - a_{13} = -7.61 \\ a_{11} + a_{12} + a_{13} = 0 \end{array} \right\}$$

解联立方程，得

$$a_{11} = -11.89, \quad a_{12} = 2.14, \quad a_{13} = 9.75$$

b_3、b_4 分别表示第一、二种品牌效用与第三种品牌效用的差距，a_{21}、a_{22}、a_{23} 分别表示三种品牌的效用得分。同时，三种品牌的效用得分之和为零。则有方程组：

$$\left. \begin{array}{l} a_{21} - a_{23} = b_3 \\ a_{22} - a_{33} = b_4 \\ a_{21} + a_{22} + a_{23} = 0 \end{array} \right\}$$

将 $b_3 = 0.054$、$b_4 = 1.13$ 代入方程组，则有

$$\left. \begin{array}{l} a_{21} - a_{23} = 0.054 \\ a_{22} - a_{23} = 1.13 \\ a_{21} + a_{22} + a_{23} = 0 \end{array} \right\}$$

解联立方程，得

$$a_{21} = -0.34, \quad a_{22} = 0.73, \quad a_{23} = -0.39$$

b_5 表示服务的第一水平效用与第二水平效用即基础效用的差距，a_{31}、a_{32} 分别表示两种服务水平的效用得分。同时，两种服务水平的效用得分之和为零。则有方程组：

$$\left. \begin{array}{l} a_{31} - a_{32} = b_5 \\ a_{31} + a_{32} = 0 \end{array} \right\}$$

将 $b_5 = 1.70$ 代入方程组，则有

$$\left. \begin{array}{l} a_{31} - a_{32} = 1.70 \\ a_{31} + a_{32} = 0 \end{array} \right\}$$

解联立方程，得

$$a_{31} = -0.85, \quad a_{32} = 0.85$$

b_6、b_7 分别表示销售宣传的第一、二水平效用与第三水平效用即基础效用的差距，用 a_{41}、a_{42}、a_{43} 分别表示销售促进三个水平的效用得分。同时，三个水平的效用得分之和为零。则有方程组：

$$\left. \begin{array}{l} a_{41} - a_{42} = b_6 \\ a_{41} - a_{43} = b_7 \\ a_{41} + a_{42} + a_{43} = 0 \end{array} \right\}$$

将 $b_6 = -0.42$、$b_7 = -0.41$ 代入方程组，则有

$$\left. \begin{array}{l} a_{41} - a_{42} = 0.42 \\ a_{41} - a_{43} = 0.41 \\ a_{41} + a_{42} + a_{43} = 0 \end{array} \right\}$$

解联立方程，得

$$a_{41} = -0.42, \quad a_{42} = 0.42, \quad a_{43} = 0.00$$

表6-22 价值要素（因子）效用得分表

价值要素	要素水平	各水平效用的得分	各要素效用的比例/%
质 量	1	− 11. 89	85.53
	2	2. 14	
	3	9. 75	
品 牌	1	− 0. 34	4.43
	2	0. 73	
	3	− 0. 39	
服 务	1	− 0. 85	6.72
	2	0. 85	
销售宣传	1	− 0. 42	3.32
	2	0. 42	
	3	0. 00	

根据上述计算结果，测算质量、品牌、服务和销售宣传四个价值要素的效用在总效用中所占比例（表6-22）。计算过程是，先计算各个要素不同水平最高效用与最低效用的差距，将四个要素的最高效用与最低效用的差距相加得到总效用差距，然后分别用各个要素最高效用与最低效用的差距除以总效用差距即得到各个要素的效用比例。具体计算公式为：该要素的效用 = 该要素水平的效用得分的极差/各要素水平的效用得分的极差的和，例如：质量的效用 = $[9.75 - (-11.89)] \div \{[9.75 - (-11.89)] + [0.73 - (-0.39)] + [0.85 - (-0.85)] + [0.42 - (-0.42)]\}$。由此得到表6-22。

6.4.2 对价值要素效用测量结果的讨论

1）在农户对油菜种子价值要素效用的评价中，种子质量要素效用最高，占种子总效用的85.53%以上，其次是服务、品牌，最后是销售宣传，仅为3.32%。说明农户购种时所愿意支付的价格中85.53%以上是给种子质量的。这一结果与前面对种子价值要素的强制性分配结果基本吻合，同时，也符合种子商品的特征和现阶段农户的种子购买行为特征。种子是生产资料，农户对它的需求是派生需求或引致需求，在预期生产的农产品能够全部出售的前提下，对种子效用的衡量主要看它能增加多少产量及收益，而产量的增加主要取决于种子的质量尤其是种子的增产潜力。同时，农户购买种子时注重实惠。在以上四个要素中，种子的质量是实实在在，看得见摸得着的。种子质量的好坏在播种后的发芽期、农作物生长期以及收获期都可以具体的测量。而品牌、销售宣传在农户看来，多少有些虚，不一定能为他们带来实际的利益。当然，农户对品牌、销售宣传效用赋值较低也与我国目前种子行业品牌建设落后，缺少知名度高、美誉度高的品牌以及种子促销宣传中水分过多有关。

2）随着种子质量水平和服务水平的不断提高，农户对其效用值的评价也越来越高，相应的也愿意为其多支付价格。这说明至少在目前条件下，种子质量属性和服务水平对农户来讲是越多越好，越强越好。如果将种子质量和服务看成商品，则这种商品对农户而言是好的（即值得拥有的），因此，越多越好。之所以出现这一结果，是因为种子质量与技术服务和农户种植油菜的产量及收入直接相关，因而农户对这两个属性的期望值比较高，而质量尤其是产量的明显提高不是一蹴而就的事，它需要经过长期的选育和试验。目前，市场上出售的油菜种子良莠不齐，与农户的期望有一定差距。同时，在技术服务上，原有的政府农业技术推广体系及其功能逐步萎缩，技术推广的外部性又使得企业不愿意花很多的成本从事这一工作，导致技术服务供给远远不能满足农户的需求。

3）随着销售宣传水平的提高，农户对其效用值的评价表现出先升高然后再降低的态势，呈现出倒 U 形结构。如果将销售宣传看成商品或者资源，则这一商品或资源对农户而言是中性的，并不是越多越好，适度就行。对种子生产者和经营者而言，相对于提高产品质量，销售宣传是一种简单易学、易模仿而且短期内可能取得明显效果的营销手段。在大多数种子企业研发能力不强，种子质量和服务水平很难短期突破的条件下，许多企业纷纷在销售促进上下工夫，甚至不惜投入大量资金进行轰炸式促销活动，导致过度的销售宣传产生，而且有些广告和宣传中夸大种子功能，传递虚假信息，不仅没有取得预期效果，反而引起农户反感。

4）品牌属性的三个水平属于定类变量，没有强行规定谁高谁低，但结果仍然显示农户对不同品牌的偏好度有一定差异。主要体现在对产量比较稳定、抗性比较强的品牌的效用值评价较高。

6.5 农户角度价值要素效用（重要性）的分析
（分别以聚类分析得到的各类样本为分析对象）

6.5.1 各类样本的价值要素效用测量

按虚拟产品价格的离差平方和对样本进行聚类，得到 7 类样本（表 6-23），剔除样本量很少的 2 类，剩下 5 类样本（5 类样本农户基本信息见表 6-24）。用 SAS8.1 统计软件分别对这 5 类样本资料进行处理，得出相应的参数估计值（表 6-25）。结果显示，根据 5 类样本资料所得到的回归模型的 R^2 均在 0.6 以上，有的甚至高达 0.9 以上，说明自变量对因变量的解释程度较高，且整体显著度高。5 个模型的回归系数大部分通过了显著性检验，在没有通过显著性检验的系数中，还有一些在 0.2 的水平上显著。因此，综合来看，回归方程是可以接受的。

表 6-23　七类样本资料的类别及样本数

类　别	样本数量	占总样本比例/%
第一类	38	12.22
第二类	54	17.36
第三类	5	1.61
第四类	114	36.66
第五类	46	14.79
第六类	42	13.50
第七类	12	3.86

表 6-24　保留的 5 类样本农户基本信息　　　　单位:%

个人特征	类　别	样　本	第 1 类	第 2 类	第 3 类	第 4 类	第 5 类
性　别	男	86.82	23.68	87.04	88.60	13.04	88.10
	女	13.18	76.32	12.96	11.40	86.96	11.90
年　龄	40 岁以下	18.65	21.06	24.07	19.30	13.04	14.29
	40~60 岁	69.13	76.31	64.82	69.30	69.57	64.29
	60 岁以上	12.22	2.63	11.11	11.40	17.39	21.42

个人特征	类 别	样 本	第1类	第2类	第3类	第4类	第5类
受教育程度	未上过学	16.40	13.16	12.96	13.16	23.91	21.42
	小学	42.45	44.74	55.56	41.23	36.96	33.33
	初中	38.26	39.47	29.63	42.98	34.78	40.48
	高中	2.57	2.63	1.85	1.75	4.35	4.77
	大专及以上	0.32	0.00	0.00	0.88	0.00	0.00
种植方式	移栽	95.50	94.74	92.59	95.62	97.82	95.24
	直播	4.50	5.26	7.41	4.38	2.18	4.76
种植目的	自用	8.04	7.90	9.26	5.26	4.35	19.05
	80.95	出售	91.96	92.10	90.74	94.74	95.65
油菜种植面积	小于5亩	22.51	21.06	22.22	21.93	21.74	26.19
	5~10亩	30.55	31.58	31.48	29.83	30.43	30.95
	10~15亩	25.72	23.68	22.22	23.68	32.61	28.57
	15亩以上	21.22	23.68	24.08	24.56	15.22	14.29
家庭年收入	0~1万元	23.79	23.68	22.22	19.30	28.26	35.71
	1万~2万元	40.84	42.11	42.59	40.35	41.30	35.71
	2万元以上	35.37	34.21	35.19	40.35	30.44	28.68
油菜种植收入占总年收入比例	0~10%	17.69	21.05	12.97	18.42	17.39	19.05
	10%~20%	25.40	28.95	31.48	26.32	13.05	23.81
	20%~30%	23.15	21.05	24.07	18.42	23.91	30.95
	30%~40%	27.33	23.69	24.07	34.21	28.26	21.43
	40%以上	6.43	5.26	7.41	2.63	17.39	4.76
耕地面积	小于5亩	16.08	21.05	9.26	15.79	17.39	19.05
	5~10亩	20.90	21.05	22.22	21.93	13.04	26.19
	10~15亩	22.83	23.69	25.92	17.54	32.61	19.05
	15亩以上	40.19	34.21	42.60	44.74	36.96	35.71
样 本	数量/户	294	38	54	114	46	42
	比例/%	100.00	12.92	18.38	38.77	15.65	14.28

表6-25 各类样本的参数估计

	b_0	b_1	b_2	b_3	b_4	b_5	b_6	b_7	R^2	F值
第1类	45.48***	-23.95***	-8.73***	-1.67**	0.44	2.22***	-1.36*	-0.13	0.78	170.42***
第2类	35.90***	-14.35***	-5.77***	0.22	0.96*	2.72***	-0.12	0.37	0.65	124.94***

	b_0	b_1	b_2	b_3	b_4	b_5	b_6	b_7	R^2	F 值
第 4 类	46.05 ***	- 15.83 ***	- 7.49 ***	- 0.04	0.54 **	0.86 ***	- 0.15	0.16	0.80	580.99 ***
第 5 类	45.00 ***	- 35.91 ***	- 8.66 ***	0.33	0.76 **	0.92 ***	- 0.36	0.58	0.96	1357.00 ***
第 6 类	37.62 ***	- 28.53 ***	- 7.18 ***	0.48	0.95 **	0.65 *	0.04	- 0.04	0.91	536.18 ***

* 在 0.1 水平上显著；** 在 0.05 水平上显著；*** 在 0.01 水平上显著

　　根据 5 类样本的参数估计结果，按照样本总体各个要素水平效用得分和各个价值要素效用在总效用中的比例的计算方法，得出 5 类样本的种子价值要素效用结构（表 6-26 和表 6-27）。

表 6-26　第 1 类到第 3 类样本的价值要素效用得分

价值要素	要素水平	第 1 类		第 2 类		第 3 类	
		各水平效用的得分	各要素效用比例/%	各水平效用的得分	各要素效用比例/%	各水平效用的得分	各要素效用比例/%
质 量	1	- 13.06	80.83	- 7.64	77.44	- 8.06	90.03
	2	2.16		0.94		0.29	
	3	10.89		6.71		7.77	
品 牌	1	- 1.26	7.11	- 0.17	5.18	- 0.21	3.32
	2	0.85		0.57		0.38	
	3	0.41		- 0.39		- 0.17	
服 务	1	- 1.11	7.48	- 1.36	14.68	- 0.43	4.90
	2	1.11		1.36		0.43	
销售宣传	1	- 0.86	4.58	- 0.21	2.70	- 0.15	1.75
	2	0.37		0.29		0.16	
	3	0.50		- 0.08		0.00	

表 6-27　第 4 类到第 5 类样本的价值要素效用得分

价值要素	要素水平	第 4 类		第 5 类	
		各水平效用的得分	各要素效用比例/%	各水平效用的得分	各要素效用比例/%
质 量	1	- 21.05	93.18	- 16.63	94.42
	2	6.20		4.72	
	3	14.86		11.91	

价值要素	要素水平	第4类		第5类	
		各水平效用的得分	各要素效用比例/%	各水平效用的得分	各要素效用比例/%
品牌	1	-0.04	1.97	0	3.15
	2	0.40		0.48	
	3	-0.36		-0.48	
服务	1	-0.46	2.41	-0.33	2.17
	2	0.46		0.33	
销售宣传	1	-0.43	2.44	0.04	0.26
	2	0.51		-0.04	
	3	-0.07		0	

6.5.2　对各类样本价值要素效用测量结果的讨论

1) 各类样本各个价值要素的效用评价基本与样本总体的联合分析结果一致，种子质量在效用（价值）构成中占70%以上。其中，第3类、第4类和第5类共202个样本种子质量的效用评分甚至达到了90%以上。说明在各类样本农户对种子的价值判断中，质量仍是第一位的因素，超过其他三类价值要素效用的总和，三分之二的被调查农户几乎只考虑种子的质量而对其他要素考虑甚少。

2) 在绝大多数农户给种子质量要素的效用赋予较大比重的前提下，也有相当一部分农户对品牌和服务给予较多的关注。其中第2类54个样本对服务的效用评价接近15%，第1类38个样本对品牌、服务和销售宣传的效用评价分别达到7.11%、7.48%和4.58%。这说明在农户给予种子质量普遍重视的情况下，一部分农户开始意识到品牌、服务和销售宣传的重要性。进一步验证了第5章得出的种子细分市场初步形成的结论。

3) 与样本总体的联合分析结果相似，随着种子质量和服务水平的提高，各类农户对其效用的评价也相应增加。同样，随着销售宣传水平的提高，大多数样本农户对其效用值的评价表现出先升高然后再降低的态势，呈现出倒 U 形结构。

6.6　本章小结

1) 对农户而言，油菜种子的价值主要体现在种子质量即种子增产潜力、抗性等属性上，然后依次是服务、品牌和销售宣传。样本总体的联合分析结果表明，后面三类要素的效用评分总和不到总效用（价值）的15%。可以推论，农户购买种子所支付的价格中，85%以上是由种子质量所决定的。价值要素强制分配结果也表明，大多数农户将种子购买款的 60%~80% 分配给种子本身的质量，这既与种子商品属于生产资料有关，同时，也说明整体而言种子市场仍处于基础建设阶段，农户仍以产品的基本功能为主要需求。

2）种子质量和服务对农户而言，是"好"的属性或要素，其水平越高，农户对它们的效用评价值也越高。无论是样本总体的联合分析结果还是样本的分类分析结果都表明，随着种子质量和服务两个因子水平的不断提高，农户对它们的效用评价也依次提高。这说明在种子产业链价值创造中，种子质量和技术服务仍然具有很大的发展空间。

3）销售宣传对农户而言属于中性，并不是越多越好，而是适度就好。随着销售宣传水平的不断提高，农户对其效用值的评价表现出先升高然后再降低的态势，呈现出倒 U 形结构，样本总体的联合分析支持这一结论，同时，聚类分析中大多数类别样本分析结果也证实了这一结论。

4）聚类分析的联合分析结果显示，在农户普遍重视种子质量的前提下，不同类别的样本分析结果显示出一定的差异性。一部分农户开始重视品牌、服务和销售宣传，意味着他们在种子价值构成的判断中，对品牌、服务和销售宣传给予了较高的比例，说明适当的细分市场对种子企业是必要的。这也验证了第 5 章的结论。

5）单因素方差分析显示，农户个人特征及生产经营状况与其对价值要素的强制分配大小有一定关系。其中，农户家庭的油菜种植面积对种子质量、品牌、服务和宣传四个要素的价值分配均有显著影响，分别在 0.001、0.064、0.000 和 0.061 的水平上显著。这说明，某一作物的种植或经营规模对农户对种子的价值判断和购种行为可能有全面的影响。

第 7 章
基于农户角度的油菜种子
价值提升空间研究

在已提炼出基于农户角度的价值要素以及各个价值要素在种子总价值中所占比例的基础上，本章利用条件价值评估法推导农户对更好种子的支付意愿及支付金额，从而预测种子企业及种子产业价值提升的可能性和大小。

7.1 研 究 设 计

7.1.1 研 究 方 法

借用条件价值评估法的思想和方法对种子价值提升空间或潜力进行测量。条件价值评估法是通过模拟市场来揭示消费者对某些物品和服务的偏好以推导消费者的支付意愿，从而最终得到某些物品和服务价值的一种研究方法。尽管条件价值评估法更多地运用于资源环境、健康保健以及非市场物品的价值测量，但也有许多学者将其运用于食品尤其是转基因食品等市场物品价值的测量中。本章向被试提供一种假想的更好种子 X，要求被试就是否愿意为得到这种产品多付钱以及比现有产品多支付的比例做出回答，在此基础上，计算被试的最高支付意愿、平均支付意愿并通过回归分析、方差分析测定影响农户支付意愿和支付数额的主要因素。

7.1.2 问 卷 设 计

支付意愿调查与第6章联合分析测量农户对种子价值要素偏好的调查共用一份问卷，在对农户基本信息、影响农户购种行为因素、农户对九个产品轮廓的价格接受度进行调查的基础上，加入支付意愿调查部分。

具体的调查分为两个阶段，首先向被试提供假想的市场："假设种子公司将推出一种新油菜品种（代号为 X），X 品种在产量、抗性和生育期上比目前市场上的油菜品种表现都要好，且经营 X 品种的经销商，能在您购买该品种的种子后，提供相应的更好的技术服务；这些服务将有效地提高油菜种植的产量，最终增加您的收入。"

然后询问被试对假想产品的支付意愿，包括两个问题："第一，假如您可以用一定的价格购买到上述的产品和服务，那么您愿意为获得这些好处而多支付吗？注意您的支付会减弱您对别的物品的购买能力，您可以在市场情况不好的情况下选择离场。

A. 愿意　　B. 不愿意　　　C. 说不清楚

第二，如果愿意，假设该新品种的种子最终能使油菜产量提高10%，您愿意多支付（　　　）元/斤；提高油菜产量20%，您愿意多支付（　　　）元/斤；提高50%时，愿意多支付（　　　）元/斤。"

这里以产量的提高比例作为更好种子与现有种子的比较指标，主要基于这样的事实：当前和今后相当一段时期，对农户而言，油菜种子的价值主要体现在以种子增产潜力为代表的种子质量上，其效用占油菜种子总效用的85%以上，由此可以推论，农户当前支付的种子价款以及为得到更好种子所愿意多支付的价款主要是用于购买种子"增产潜力"这一要素的。

7.1.3　样本来源、调查实施与控制

样本来源同第6章。为尽量减少调查的假想偏差，要求调查员在询问时，尽可能地营造真实的市场环境。

7.2　受访农户支付意愿及影响因素分析

7.2.1　受访农户支付意愿分析

被调查农户中，67.9%的农户表示愿意支付更多的钱得到更好的种子，5.7%的被调查者不愿意为更好的种子多支付，24.8%的被调查者表示不能确定是否愿意为得到更好的种子多支付（表7-1）。可以看出，农户对更好种子的支付意愿比较高。

表7-1　农户对更好种子的支付意愿统计表

项　目		Frequency	Percent/%	Valid Percent/%	Cumulative Percent/%
Valid	愿　意	214	67.9	69.0	69.0
	不愿意	18	5.7	5.8	74.8
	说不清楚	78	24.8	25.2	100.0
	合　计	310	98.4	100.0	

项　目	Frequency	Percent/%	Valid Percent/%	Cumulative Percent/%
Missing	System	5	1.6	
合　计	315	100.0		

7.2.2　农户支付意愿影响因素的回归分析

理论上认为，在某种农产品市场价格一定的前提下，农户对更好的种子多支付的意愿（响应意愿）以及支付意愿数额的大小与农户对种子质量、品牌、服务、价格的重视程度（考虑程度），对现有种子质量、服务、价格等的满意程度，农户的家庭收入和经营状况以及受访者个人的人口统计特征有关。例如，受访者对种子增产潜力的理解、对服务的理解、受访者的性别、年龄、文化程度，受访者的家庭收入、种植面积等都可能影响支付意愿及数额。为此，本章将影响农户支付意愿的主要因素分为四组来分析：①被调查农民个人特征，主要是指性别、年龄和文化程度。②农户的农业生产特征。本文用家庭总收入、油菜种植收入占家庭总收入的比重、油菜种植面积占家庭总耕地面积比例、油菜种植方式及油菜种植目的来描述农户的农业生产特征。③农户对油菜种子本身属性的认知和重视。包括农户对种子增产潜力、品牌、服务和价格的考虑程度，理论上讲，农户对前三个要素越重视，支付意愿会越强，对价格考虑越多，支付意愿将会降低。④农户对市场上现有种子的满意度。包括对种子增产潜力、服务、品牌信誉和价格的满意度。一般而言，农户对前三种要素不满意程度高，有可能导致其对更好种子的渴望，但是否说明对更好种子的支付意愿强，则有待检验。上述四类变量定义及样本均值见表7-2。

表7-2　决定农户对更好种子支付意愿的解释变量描述

变量名	定　　义	样本均值
受访者个人特征		
性别（Sex）	性别：1表示被调查者为男性，0表示女性	0.8730
年龄（Age）	年龄：代码1~3（1表示40岁以下，2表示40~60岁；3表示60岁以上）	1.9363
教育程度1（Edu1）	教育程度1：1表示未上过学；否则，为0	0.3742
教育程度2（Edu2）	教育程度2：1表示小学；否则，为0	0.2767
教育程度3（Edu3）	教育程度3：1表示初中及以上；否则，为0	0.3491

变量名	定　义	样本均值
受访者家庭及经营状况		
总收入（Total）	实际年总收入，包括农业和非农业收入（万元）	1.7655
农业人口比例（XX）	家庭人口中农业人口占家庭总人口的比例	0.5941
油菜种植收入占总收入比例（Re）	油菜种植年实际收入占家庭总收入的比例	0.2470
油菜种植面积占家庭总耕地面积比例（Pro）	油菜种植面积占家庭总耕地面积比例	0.8114
种植方式1（Fs1）	种植方式1：1表示移栽；否则，为0	0.8280
种植方式2（Fs2）	种植方式2：1表示直播；否则，为0	0.1720
种植目的1（Md1）	种植目的1：1表示出售为主；否则，为0	0.9204
种植目的2（Md2）	种植目的2：1表示自用为主；否则，为0	0.0796
购买价格（BP）	农户最近购买油菜种子的实际单价（元/斤）	37.0393
受访者对种子要素的考虑程度		
增产潜力考虑（Pot）	增产潜力：1表示在购买过程中考虑种子的增产潜力比较多；否则，为0	0.7293
品牌考虑（Brand）	品牌：1表示在购买过程中比较注重种子的品牌；否则，为0	0.1592
技术服务考虑（Ser）	技术服务：1表示在购买过程中比较注重种子生产者、经营者是否能提供技术服务；否则，为0	0.2452
价格考虑（Price）	价格：1表示在购买过程中考虑价格比较多；否则，为0	0.1019
受访者对种子要素的满意度		
产量满意（SOO）	产量满意：农户对目前种子增产潜力的满意程度。1表示很不满意，2表示不满意，3表示一般，4表示满意，5表示很满意	3.5176
服务满意（SOV）	服务满意：农户对目前种子生产者、经营者提供服务的满意程度。1表示很不满意，2表示不满意，3表示一般，4表示满意，5表示很满意	2.5732
价格满意（SOP）	价格满意：农户对目前种子市场价格的满意程度。1表示很不满意，2表示不满意，3表示一般，4表示满意，5表示很满意	3.0892
品牌满意（SOB）	品牌满意：农户对目前市场上种子品牌的信誉度、知名度的满意程度。1表示很不满意，2表示不满意，3表示一般，4表示满意，5表示很满意	3.3280

用二元 Logistic（SPSS10.0）回归对农户对更好种子的支付意愿进行估计。通过前向（forward conditional）逐步回归，在第十步得到如下回归模型（表7-3）。回归模型的总体概况和第十步可信度检验见表7-4和表7-5。

表7-3 农户对更好种子支付意愿回归模型的参数估计

变　量	系数 β	标准差（S. E.）	Wald 检验	自由度（df）	显著性（Sig.）	exp（β）
性别（Sex）	1.777	0.606	8.585	1	0.003	5.911
教育程度1（Edu1）	1.657	0.758	4.775	1	0.029	5.244
教育程度3（Edu3）	−.952	0.554	2.955	1	0.086	0.386
种植方式1（Fs1）	2.861	0.799	12.826	1	0.000	17.484
增产潜力考虑（Pot）	4.013	0.607	43.664	1	0.000	55.330
技术服务考虑（Ser）	2.228	0.763	8.538	1	0.003	9.286
价格考虑（Price）	−2.362	0.789	8.969	1	0.003	0.094
价格满意（SOP）	−.852	0.413	4.255	1	0.039	0.426
常数项（Constant）	−3.340	1.489	5.027	1	0.025	0.035

表7-4 农户对更好种子支付意愿回归模型概要

Step 10	−2 Log likelihood	Cox & Snell R Square	Nagelkerke R Square
	126.437（c）	0.517	0.739

表7-5 回归模型检验

		Chi-square	df	Sig.
	Step	4.448	1	0.035
Step 10	Block	194.339	8	0.000
	Model	194.339	8	0.000

从表7-3可知，性别（Sex）、教育程度1（Edu1）、种植方式1（Fs1）、增产潜力考虑（Pot）、技术服务考虑（Ser）、价格考虑（Price）和价格满意（SOP）等变量的系数均在0.05的水平上显著不为0；教育程度3（Edu3）在0.1的水平上显著，说明以上变量对农户对更好种子的支付意愿影响显著。其中，性别（Sex）的系数为正，这表明男性与女性相比，更倾向于购买X产品。教育程度（Edu）对农户的选择在不同水平上有着相反的影响。教育程度1（未上过学）的系数为正，这说明未接受过教育的农户，由于知识能力有限，通过其他途径获取收入的机会小，更希望通过播种好的种子增加农作物产量以提高家庭收

入。而教育程度 3（初中及以上）的负系数表明，初中及以上文化程度的农户，自我感知通过其他途径获得收入的机会比较多，不一定愿意在种植业上投入较多成本，因此他们对更好种子的支付意愿不强烈。种植方式 1（移栽）的系数为正，这说明通过移栽来种植油菜的农户要比其他农户更倾向于购买 X 产品。一般来讲，油菜移栽比油菜直播要花费更多的人力、物力，同时，栽培过程中水肥等田间管理等都直接影响着它的发芽率，进而影响其产量。农户选择移栽方式，一方面与当地种植习惯有关，另一方面也说明农户对油菜生产比较重视，愿意在上面花更多的时间和精力，既然如此，当然期望油菜生产能为其带来较多收入，所以也愿意为获得好的油菜种子多付钱。增产潜力考虑（Pot）和技术服务考虑（Ser）系数为正，说明购买种子过程中对种子增产潜力和种子生产经营者提供技术服务考虑越多，越重视，就越愿意多花钱购买增产潜力高、技术服务好的产品。价格考虑（Price）的系数为负值，这意味着购买过程中，对价格考虑比较多的农户，不愿意为 X 产品多付钱；该结果同时也表明农户在决定购买 X 产品时，对价格是十分敏感的。价格满意（SOP）系数为负值，说明农户对目前价格越满意，就越不愿意为得到更好的种子多花钱。对这一结论的解释需要慎重，因为价格满意本身的含义比较复杂。值得注意的是，在现有种子属性满意度指标中，除了价格满意度显著影响农户支付意愿外，产量满意度、服务满意度和品牌满意度均未进入回归模型，这也验证了前面的推论：即使农户对产量、服务和品牌不满意，也不意味着他们一定愿意为这些属性水平的提高多花钱。只有在重视这些属性的前提下，才会产生对好种子的支付意愿。

7.3 受访农户支付金额及影响因素分析

7.3.1 受访农户最高、最低与平均支付意愿分析

当新的、更好的种子比现有种子明显增产时，农户表现出十分强烈的支付意愿，且随着种子增产潜力的提高，农户意愿多支付的金额也不断提高。当新产品比现有种子增产 10%、20% 和 50% 时，农户的平均支付意愿（比现有种子多支付的数额）分别为 5.8065 元/斤①、9.2403 元/斤和 15.8387 元/斤。最低支付意愿和最高支付意愿也随着增产潜力的提高明显提高（表 7-6）。说明种子产业通过提高产出质量以提升价值创造空间具有较大的可行性。

---

① 1 斤 = 500g。

表7-6 受访农户对好种子的支付金额分析

统计项目	内 容	支付金额（增产10%）	支付金额（增产20%）	支付金额（增产50%）
总 数	有效值	310	310	310
	缺损值	5	5	5
均 值		5.806 5	9.240 3	15.838 7
标准差		3.974 59	6.063 94	12.575 33
最小值		3.00	5.00	5.00
最大值		40.00	50.00	75.00

7.3.2 受访农户相关特征与支付金额的单因素方差分析

7.3.2.1 被调查者个人特征与支付金额的单因素方差分析

由表7-7和表7-8可知，只有当更好种子比现有种子增产潜力提高50%时，被调查者年龄对支付金额有显著影响，而被调查者文化程度对三类好种子的支付金额均有显著影响。由图7-1、图7-2可看出，小于40岁和大于60岁的被调查者支付金额高于40~60岁的被调查者。高中文化程度的被调查者支付金额最大，大专及以上被调查者愿意支付金额最少。考虑到高中文化程度和大专及以上文化程度在样本总体中所占比例极小，撇开这两类样本，则可以认为，随着被调查者文化程度的提高，对更好种子的支付金额也相应提高，初中文化程度被调查者愿意支付金额最高。

表7-7 年龄与支付金额的单因素方差分析

内容\指标		Sum of Squares	df	Mean Square	F	Sig.
支付金额（增产10%）	组间方差	2.315	2	1.157	0.073	0.930
	组内方差	4 879.073	307	15.893		
	总方差	4 881.388	309			
支付金额（增产20%）	组间方差	121.809	2	60.905	1.663	0.191
	组内方差	11 240.537	307	36.614		
	总方差	11 362.346	309			
支付金额（增产50%）	组间方差	1 378.267	2	689.133	4.455	0.012
	组内方差	47 486.669	307	154.680		
	总方差	48 864.936	309			

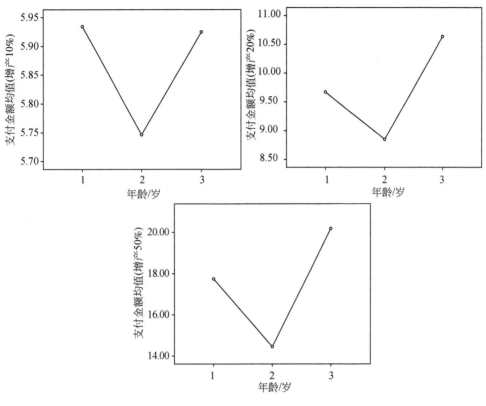

图 7-1 年龄与支付金额方差分析均值图

表 7-8 文化程度与支付金额的单因素方差分析

内 容 指 标		Sum of Squares	df	Mean Square	F	Sig.
支付金额（增产 10%）	组间方差	608. 606	4	152. 151	10. 861	0. 000
	组内方差	4 272. 782	305	14. 009		
	总方差	4 881. 388	309			
支付金额（增产 20%）	组间方差	889. 099	4	222. 275	6. 473	0. 000
	组内方差	10 473. 247	305	34. 339		
	总方差	11 362. 346	309			
支付金额（增产 50%）	组间方差	2 320. 789	4	580. 197	3. 802	0. 005
	组内方差	46 544. 146	305	152. 604		
	总方差	48 864. 935	309			

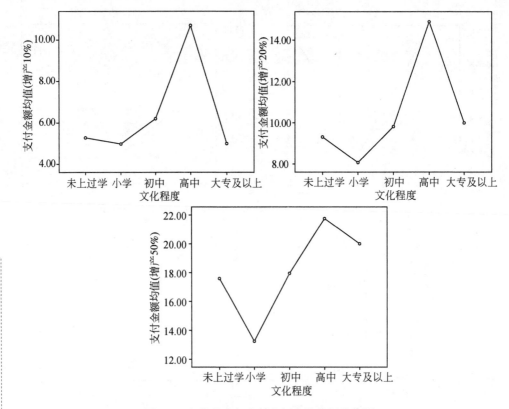

图7-2　文化程度与支付金额方差分析均值图

7.3.2.2　受访农户家庭经营状况与支付金额的单因素方差分析

　　将家庭总收入、油菜种植收入占家庭总收入的比重、油菜种植面积占家庭总耕地面积、油菜种植方式及油菜种植目的等描述农户家庭经济状况和经营特征的变量与受访农民的支付意愿大小进行单因素方差分析，结果显示，家庭总收入、油菜种植方式等指标对农户支付意愿大小有显著影响（表7-9，表7-10）。从图7-3、图7-4可知，对三类好种子，均是家庭年收入在1~2万元的支付金额最高。采用移栽方式种植油菜的农户比采用其他方式种植的农户对三类更好种子的支付金额高。

表7-9　家庭收入与支付金额单因素方差分析

内　容 指　标		Sum of Squares	df	Mean Square	F	Sig.
支付金额 （增产10%）	组间方差	836.582	36	23.238	1.455	0.054
	组内方差	3 768.594	236	15.969		
	总方差	4 605.176	272			

内容\指标		Sum of Squares	df	Mean Square	F	Sig.
支付金额（增产20%）	组间方差	2 672.948	36	74.249	2.159	0.000
	组内方差	8 117.494	236	34.396		
	总方差	10 790.442	272			
支付金额（增产50%）	组间方差	9 234.706	36	256.520	1.640	0.017
	组内方差	36 911.663	236	156.405		
	总方差	46 146.369	272			

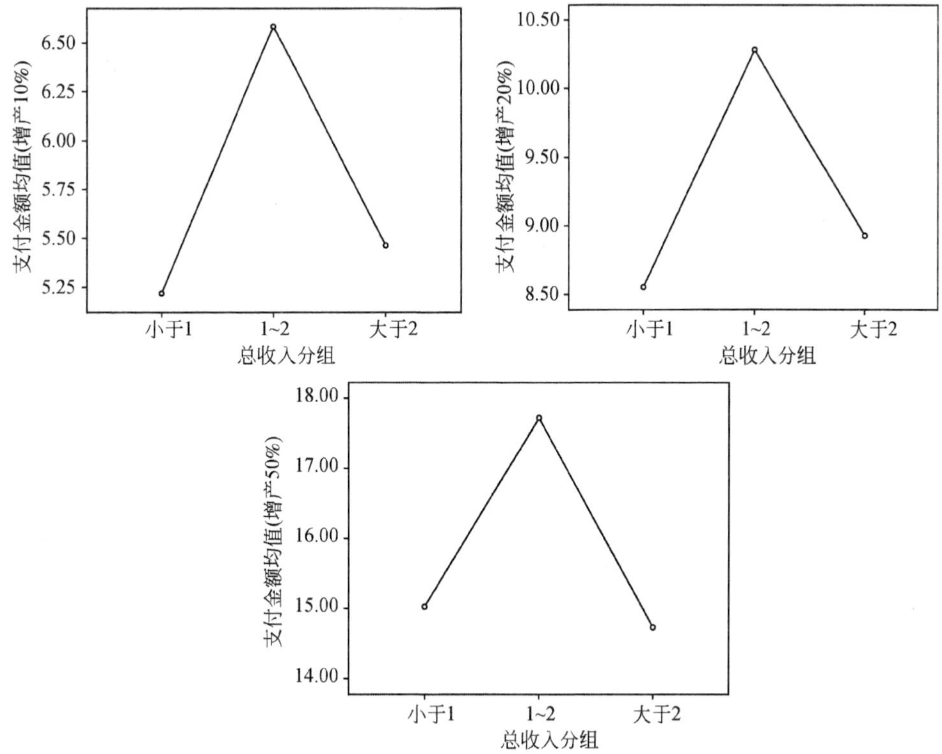

图 7-3　家庭收入与支付金额方差分析均值图

表 7-10　种植方式与支付金额单因素方差分析

内容\指标		Sum of Squares	df	Mean Square	F	Sig.
支付金额（增产10%）	组间方差	111.610	1	111.610	7.207	0.008
	组内方差	4 769.777	308	15.486		
	总方差	4 881.387	309			

内容 指标		Sum of Squares	df	Mean Square	F	Sig.
支付金额 （增产20%）	组间方差	464.854	1	464.854	13.138	0.000
	组内方差	10 897.492	308	35.381		
	总方差	11 362.346	309			
支付金额 （增产50%）	组间方差	3 867.511	1	3 867.511	26.472	0.000
	组内方差	4 4997.424	308	146.096		
	总方差	48 864.935	309			

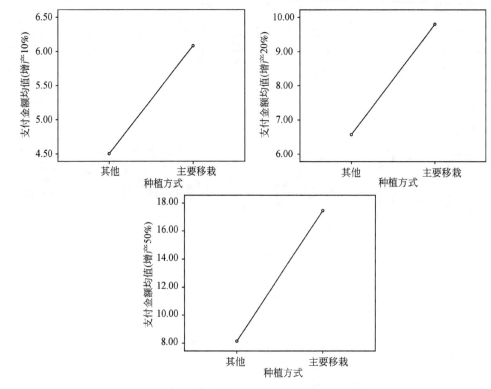

图 7-4　种植方式与支付金额方差分析均值图

7.3.2.3　受访农户对种子价值要素的认知与支付意愿大小的单因素方差分析

用农户对种子增产潜力、品牌、服务和价格的考虑程度指标与农户支付意愿大小进行单因素方差分析，结果显示，对种子增产潜力、服务、价格的考虑程度显著影响农户对更好种子支付数额的大小（表7-11～表7-13），其中，购种子时越重视产量、服务，愿意支付的数额越高，购种时考虑价格越多，则对更好种子的愿意支付数额越低（图7-5~图7-7）。对品牌的考虑程度没有通过显著性检验，说明购种时农户对品牌考虑程度大小对其支付数额大小影响不显著。

表7-11 对产量的考虑程度与支付金额的单因素方差分析

内　容 \ 指　标		Sum of Squares	df	Mean Square	F	Sig.
支付金额（增产10%）	组间方差	322.191	1	322.191	21.766	0.000
	组内方差	4 559.196	308	14.803		
	总方差	4 881.388	309			
支付金额（增产20%）	组间方差	900.517	1	900.517	26.512	0.000
	组内方差	10 461.829	308	33.967		
	总方差	11 362.346	309			
支付金额（增产50%）	组间方差	8 110.949	1	8 110.949	61.299	0.000
	组内方差	40 753.987	308	132.318		
	总方差	48 864.936	309			

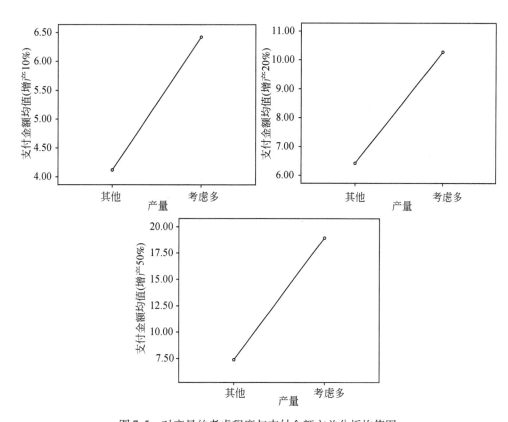

图7-5　对产量的考虑程度与支付金额方差分析均值图

表 7-12　对服务的考虑程度与支付金额的单因素方差分析

指　标 ＼ 内　容		Sum of Squares	df	Mean Square	F	Sig.
支付金额（增产10%）	组间方差	156.358	1	156.358	10.192	0.002
	组内方差	4 725.029	308	15.341		
	总方差	4 881.387	309			
支付金额（增产20%）	组间方差	481.703	1	481.703	13.636	0.000
	组内方差	10 880.643	308	35.327		
	总方差	11 362.346	309			
支付金额（增产50%）	组间方差	1 849.791	1	1 849.791	12.118	0.001
	组内方差	47 015.145	308	152.647		
	总方差	48 864.936	309			

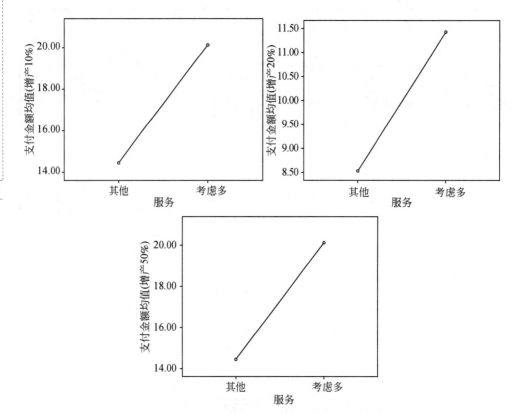

图 7-6　对服务的考虑程度与支付金额方差分析均值图

表 7-13　对价格的考虑程度与支付金额的单因素方差分析

内容 指标		Sum of Squares	df	Mean Square	F	Sig.
支付金额 （增产10%）	组间方差	124. 642	1	124. 642	8. 071	0. 005
	组内方差	4 756. 746	308	15. 444		
	总方差	4 881. 388	309			
支付金额 （增产20%）	组间方差	286. 608	1	286. 608	7. 970	0. 005
	组内方差	11 075. 738	308	35. 960		
	总方差	11 362. 346	309			
支付金额 （增产50%）	组间方差	2 343. 698	1	2 343. 698	15. 517	0. 000
	组内方差	46 521. 238	308	151. 043		
	总方差	48 864. 936	309			

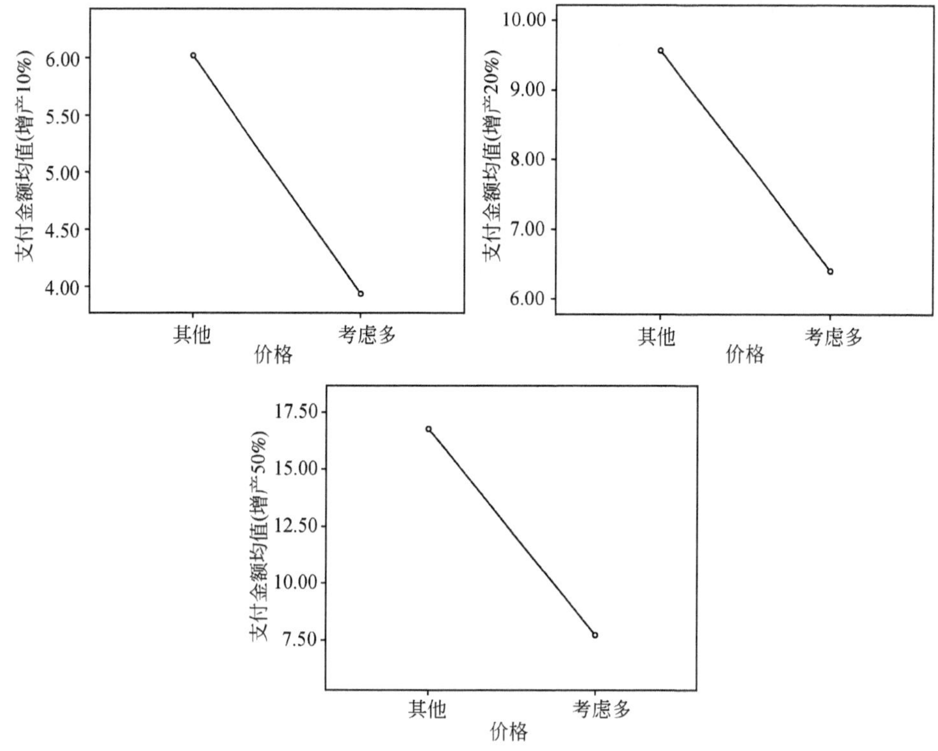

图 7-7　对价格的考虑程度与支付金额方差分析均值图

7. 3. 2. 4　农户对种子属性的满意度与支付意愿大小的单因素方差分析

用农户对种子增产潜力、服务、品牌信誉和价格的满意度与农户的愿意支付数额大小进行单因素方差分析，结果显示，品牌信誉、价格的满意度显著影响农户对更好种子支付数额的大小（表7-14、表7-15）。种子增产潜力、服务满意度对农户的支付数额影响不显著。图7-8、图7-9显示，随着农户对品牌信誉满意度和价格满意度的提高，他们愿意支付的金额也相应增加。

表7-14 对品牌信誉的满意度与支付金额的单因素方差分析

指标 \ 内容		Sum of Squares	df	Mean Square	F	Sig.
支付金额（增产10%）	组间方差	209.540	4	52.385	3.420	0.009
	组内方差	4 671.847	305	15.318		
	总方差	4 881.387	309			
支付金额（增产20%）	组间方差	299.460	4	74.865	2.064	0.085
	组内方差	11 062.886	305	36.272		
	总方差	11 362.346	309			
支付金额（增产50%）	组间方差	2 697.950	4	674.488	4.456	0.002
	组内方差	46 166.985	305	151.367		
	总方差	48 864.935	309			

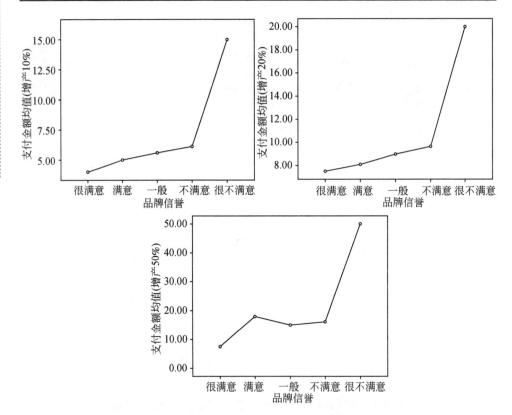

图7-8 对品牌信誉的满意度与支付金额方差分析均值图

表 7-15　对价格的满意度与支付金额的单因素方差分析

指标 内容		Sum of Squares	df	Mean Square	F	Sig.
支付金额 （增产10%）	组间方差	197. 134	3	65. 711	4. 293	0. 005
	组内方差	4 684. 253	306	15. 308		
	总方差	4 881. 387	309			
支付金额 （增产20%）	组间方差	720. 448	3	240. 149	6. 905	0. 000
	组内方差	10 641. 898	306	34. 777		
	总方差	11 362. 346	309			
支付金额 （增产50%）	组间方差	1 854. 740	3	618. 247	4. 024	0. 008
	组内方差	47 010. 196	306	153. 628		
	总方差	48 864. 936	309			

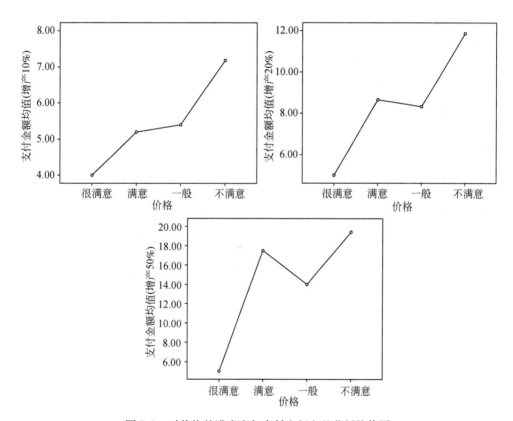

图 7-9　对价格的满意度与支付金额方差分析均值图

7.3.3 农户支付金额影响因素回归分析

将被调查农民个人特征，主要是指性别、年龄和文化程度；农户的农业生产特征，主要指家庭总收入、油菜种植收入占家庭总收入的比重、油菜种植面积占家庭总耕地面积、油菜种植方式及油菜种植目的等；农户对油菜种子本身属性的认知和重视，包括农户对种子增产潜力、品牌、服务和价格的考虑程度；农户对市场上现有种子的满意度，包括对种子增产潜力、服务、品牌信誉和价格的满意度等几个方面的因素作为自变量，将被调查农户对能使产量提高10%、20%和50%的更好种子的愿意支付金额为因变量，采用逐步回归方法分别分析受访农户对能使产量提高10%、20%和50%的更好种子的支付金额高低的影响因素。

7.3.3.1 能使产量提高10%的更好种子的支付金额高低的影响因素分析

回归分析结果表明，当某一更好种子能使产量增加10%时，农户对这一种子支付数额的多少与他们在购种过程中对产量的考虑以及对价格的满意度显著相关，且均在0.01的水平上显著，两个变量的系数均为正值，说明农户对产量考虑越多，对现有种子市场价格越满意，就越愿意为获得比现有种子增产潜力提高10%的新种子多付钱（表7-16~表7-18）。

表7-16 农户支付金额影响因素回归模型概要（产量提高10%时）

Model	R	R Square	Adjusted R Square	Std. Error of the Estimate	Durbin-Watson
1	0.240（a）	0.058	0.054	4.046 51	
2	0.292（b）	0.085	0.078	3.994 37	1.815

表7-17 农户支付金额影响因素回归方程的方差分析（产量提高10%时）

Model		Sum of Squares	df	Mean Square	F	Sig.
1	回　归	264.132	1	264.132	17.131	0.000（a）
	残　差	4 322.808	264	16.374		
	总　计	4 586.940	265			
2	回　归	390.783	2	195.391	12.246	0.000（b）
	残　差	4 197.157	263	15.955		
	总　计	4 586.940	265			

表 7-18　农户支付金额影响因素估计（产量提高 10% 时）

Model		Unstandardized Coefficients		Standardized Coefficients	t	Sig.
		B	Std. Error	（Beta）	（B）	（Std. Error）
1	常　数	4.177	0.514		8.129	0.000
	产量考虑	2.357	0.587	0.240	4.016	0.000
2	常　数	0.931	1.259		0.740	0.460
	产量考虑	2.208	0.582	0.225	3.797	0.000
	价格满意	1.082	0.384	0.167	2.817	0.005

7.3.3.2　能使产量提高 20% 时的更好种子的支付金额高低的影响因素分析

表 7-19　农户支付金额影响因素模型概要（产量提高 20% 时）

Model	R	R Square	Adj-R Square	Std. Error of the Estimate	Durbin-Watson
1	0.254（a）	0.065	0.061	7.152 50	
2	0.310（b）	0.096	0.089	6.059 79	
3	0.337（c）	0.114	0.104	6.011 66	
4	0.361（d）	0.130	0.117	5.966 20	1.746

表 7-20　农户支付金额影响因素回归方程的方差分析（产量提高 20% 时）

Model		Sum of Squares	df	Mean Square	F	Sig.
1	回　归	690.228	1	690.228	18.234	0.000（a）
	残　差	9 993.269	264	37.853		
	总　计	10 683.497	265			
2	回　归	1 025.865	2	512.932	13.968	0.000（b）
	残　差	9 657.632	263	36.721		
	总　计	10 683.497	265			
3	回　归	1 214.797	3	404.932	11.205	0.000（c）
	残　差	9 468.699	262	37.140		
	总　计	10 683.496	265			
4	回　归	1 393.051	4	348.263	9.784	0.000（d）
	残　差	9 290.445	261	35.596		
	总　计	10 683.496	265			

表7-21　农户支付金额影响因素估计（产量提高20%时）

Model		Unstandardized Coefficients		Standardized Coefficients	t	Sig.
		B	Std. Error	(Beta)	(B)	(Std. Error)
1	常　数	6.653	0.781		8.515	0.000
	产量考虑	3.810	0.892	0.254	4.270	0.000
2	常　数	1.368	1.910		0.716	0.474
	产量考虑	3.568	0.882	0.238	4.044	0.000
	价格满意	1.762	0.583	0.178	3.023	0.003
3	常　数	1.310	1.895		0.691	0.490
	产量考虑	2.991	0.911	0.200	3.283	0.001
	价格满意	1.712	0.578	0.173	2.960	0.003
	Edu1	1.834	0.802	0.139	2.286	0.023
4	常　数	-0.629	2.071		-0.304	0.762
	产量考虑	2.891	0.905	0.193	3.193	0.002
	价格满意	1.664	0.574	0.168	2.896	0.004
	Edu1	1.790	0.796	0.135	2.248	0.025
	性　别	2.491	1.113	0.130	2.238	0.026

从表7-19~表7-21可知，当某一更好种子能使产量增加20%时，农户对这一种子支付数额的多少与他们在购种过程中对产量的考虑、对价格的满意度、教育程度和性别显著相关。其中产量考虑与价格满意在0.01的水平上显著，教育1和性别在0.05的水平上显著，产量考虑与价格满意的系数为正值，说明农户对产量考虑越多，对现有种子市场价格越满意，就越愿意为获得比现有种子增产潜力提高20%多付钱。教育1系数为正值，说明相对于其他文化程度较高的农户，未上过学的农户对使产量提高20%的种子愿意支付的金额要高，性别系数为正，说明男性对使产量提高20%的更好种子的愿意支付数额高于女性。

7.3.3.3　能使产量提高50%的好种子的支付金额高低的影响因素分析

由表7-22~表7-24可知，当某一好种子能使产量增加50%时，农户对这一种子支付数额与他们在购种过程中对产量的考虑、被试的教育程度、性别、最近购买种子的价格显著相关。其中，产量考虑和性别在0.01的水平上显著，Edu3和购买价格在0.05的水平上显著。产量考虑的系数为正值，说明农户对产量考虑越多，对产量越重视，就越愿为获得比现有种子增产潜力提高50%的种子多付钱。性别系数为正，说明男性对使产量提高50%的好种子的愿意支付数额高于女性。Edu3系数为负值，说明相对于其他文化程度较低的农户，初中及以上文化程度的农户对能使产量提高 50% 的种子愿意支付的金额要低。购买价格系数为正值，说明农户最近购买种子的价格越高，为获得能使产量提高 50% 的好种子愿意支付的价格也越高。

表 7-22　农户支付金额影响因素模型摘要（产量提高 50% 时）

Model	R	R Square	Adjusted R Square	Std. Error of the Estimate	Durbin-Watson
1	0.377（a）	0.142	0.139	12.206 72	
2	0.419（b）	0.175	0.169	11.989 11	
3	0.435（c）	0.189	0.180	11.911 83	
4	0.451（d）	0.203	0.191	11.830 21	1.783

表 7-23　农户支付金额影响因素回归方程的方差分析（产量提高 50% 时）

Model		Sum of Squares	df	Mean Square	F	Sig.
1	回　归	6 503.108	1	6 503.108	43.644	0.000（a）
	残　差	39 337.035	264	149.004		
	总　计	45 840.143	265			
2	回　归	8 036.842	2	4 018.421	27.956	0.000（b）
	残　差	37 803.301	263	143.739		
	总　计	45 840.143	265			
3	回　归	8 664.495	3	2 888.165	20.355	0.000（c）
	残　差	37 175.648	262	141.892		
	总　计	45 840.143	265			
4	回　归	9 312.203	4	2 328.051	16.634	0.000（d）
	残　差	36 527.940	261	139.954		
	总　计	45 840.143	265			

表 7-24　农户支付金额影响因素估计（产量提高 50% 时）

Model		Unstandardized Coefficients		Standardized Coefficients	t	Sig.
		B	Std. Error	（Beta）	（B）	（Std. Error）
1	常　数	7.460	1.550		4.812	0.000
	产量考虑	11.695	1.770	0.377	6.606	0.000
2	常　数	1.338	2.415		0.554	0.580
	产量考虑	11.340	1.742	0.365	6.510	0.000
	性　别	7.298	2.234	0.183	3.267	0.001

Model		Unstandardized Coefficients		Standardized Coefficients	t	Sig.
		B	Std. Error	（Beta）	（B）	（Std. Error）
3	常　数	3.802	2.670		1.424	0.156
	产量考虑	10.415	1.786	0.335	5.832	0.000
	性　别	6.670	2.240	0.167	2.978	0.003
	Edu3	−3.335	1.586	−0.122	−2.103	0.036
4	常　数	−7.018	5.686		−1.234	0.218
	产量考虑	9.997	1.784	0.322	5.603	0.000
	性　别	6.091	2.241	0.153	2.718	0.007
	Edu3	−3.865	1.594	−0.141	−2.425	0.016
	购买价格	0.321	0.149	0.121	2.151	0.032

注：因变量为支付金额（增产50%）

7.4　本章小结

1）受访农户对更好油菜种子的支付意愿强烈，且随着种子的增产潜力提高，受访农户对好种子的支付数额也明显提高。愿意为好种子多支付的农户占被调查农户的69.0%，不愿意为好种子多支付的农户仅占样本量5.7%。当新产品比现有种子增产10%、20%和50%时，农户的平均支付愿意（比现有种子多支付的数额）分别为5.8065元/斤、9.2403元/斤和15.8387元/斤。说明种子供应商具有较大的价值提升空间。

2）影响农户对更好种子支付意愿的因素主要是性别、教育程度、种植方式、对增产潜力考虑程度、对技术服务考虑程度、对价格考虑程度和价格满意度等变量。男性与女性相比，更倾向于花更多的钱购买好种子。教育程度对农户的支付意愿在不同水平上有着相反的影响。未接受过教育的农户，更希望通过播种好的种子增加农作物产量以提高家庭收入。初中以上文化程度的农户，对更好种子的支付意愿不强烈。通过移栽来种植油菜的农户要比其他农户更倾向于购买好种子。购买种子过程中对种子增产潜力和种子生产经营者提供技术服务考虑越多，越重视，就越愿意多花钱购买增产潜力高、技术服务好的产品。对价格考虑比较多的农户，不愿意为好种子多付钱。

3）农户的教育程度、性别、对产量的考虑、对价格的满意度和最近购买种子的价格是影响其对更好种子支付数额大小的主要因素。其中农户对比现有种子增产10%的好种子的支付数额与他们对产量的考虑程度、对价格的满意度显著相关；当好种子比现有种子增产20%时，农户对好种子的支付数额与其对产量的考虑、对价格的满意度、教育程度和性别显著相关；当好种子比现有种子增产50%时，农户的支付数额与其对产量的考虑、农户的教育程度、性别、最近购买种子的价格显著相关。

第8章
研究结论和建议

8.1 主要研究结论

本研究以效用价值理论、顾客价值理论为依据，借用特征价值理论的思想和方法，在分析农户对当前油菜种子市场供给中与种子整体产品相关的各因素的重视度与满意度的基础上，以对现有种子的总体满意度、重复购种意愿和向他人推荐意愿作为衡量农户品牌忠诚度和对所采用种子价值判断大小的指标，运用相关分析和回归分析对农户品牌忠诚度和种子价值判断大小的影响因素进行了分析；运用因子分析法和结构方程模型提炼并验证了影响农户品牌忠诚度和种子价值判断的主成分（因子）；通过聚类分析对当前油菜种子市场进行细分并分析了各类细分市场的人口统计特征及家庭经营特征；以被调查农户愿意接受的价格为种子价值的量化表达，运用联合分析法对种子质量、服务、品牌和销售宣传四个价值要素在种子总价值中所占比例进行估计；运用条件价值评估法就农户对更好油菜种子支付意愿、支付数额大小进行了估计与预测；同时，运用单因素方差分析、回归分析法探悉了被调查者个人特征、农户家庭经营和经济状况对农户购种行为、对价值要素的重要性认知以及对更好种子支付意愿和支付金额的影响。通过研究，得出的主要结论如下。

1）当前油菜种子市场仍处于以基本需求为主且基本需求没有得到很好满足的阶段。农户对种子市场的需求特点主要体现在大多数农户购买油菜种子时，最看重的仍然是直接影响其收成和收入的因素，即种子的增产潜力、发芽率、抗性、生育期、信息服务、技术服务及价格等，对不直接影响其收成和收入的因素如出油率、包装、购种方便等看重程度相对低一些。总体而言，重视程度高的因素较之重视程度低的因素，农户的满意度也明显偏低，尤其是技术服务和信息服务，农户对其重视度高，但满意度很低，说明当前油菜种子市场上，农户一些基本的需求仍然没有得到满足。

2）影响农户种子价值判断的主要因子是种子质量、品牌、价格和服务，其中，种子质量和服务对农户种子价值判断的影响最为显著。相关分析显示，种子增产潜力、出油率、抗性，品牌联想、品牌记忆，价格（同质）、价格（同类）

和技术服务与农户重复购买与推荐显著相关；探测性因子分析显示，种子质量、价格、品牌和服务是影响农户对目前使用种子忠诚度的主要因子；结构方程模型分析显示，种子质量、价格、品牌和服务与农户总体满意度、重购意愿和推荐意愿均在一条或多条路径系数上达到显著性水平，说明这四个因子对农户的价值判断都有一定影响。其中种子质量对农户总体满意度、重购意愿和推荐意愿路径系数为正且达到了 0.01 的显著性水平，服务对农户总体满意度、重购意愿和推荐意愿路径系数为正且达到或接近 0.01 的显著性水平，说明种子质量和服务是影响农户价值判断的最主要指标。

3）种子质量要素在种子总价值中所占比例最高，其后依次是服务、品牌和销售宣传。联合分析结果显示，农户购买种子所愿意支付的价格中，85%以上是支付给种子质量的，而服务、品牌和销售宣传在总价格中所占份额分别只为 6.71%、4.45% 和 3.30%。各个价值要素不同水平的效用得分显示，种子质量、服务对农户而言是好的属性，随着要素水平的提高，农户对其效用评分也越高，意味着在现有条件下，农户愿意为种子质量和技术服务水平的提高多付费；销售宣传对农户而言是中性，适度就好，而不是越高越好，随着销售宣传水平的不断提高，农户对其效用值的评价表现出先升高然后再降低的态势，呈现出倒 U 形结构。这说明相对于农户需求而言，"种子质量"、"技术服务"等价值要素供应不足，"销售宣传"价值要素则供应过度或者供应不当。

4）农户对更好种子的支付意愿强烈，油菜种子产业通过为农户提供更好种子提升价值创造空间前景广阔。条件价值评估法分析显示，当新的、更好的种子比现有种子明显增产时，农户表现出十分强烈的支付意愿，且随着种子增产潜力的提高，农户愿意多支付的金额也不断提高。当新产品比现有种子增产 10%、20% 和 50% 时，农户的平均支付愿意（比现有种子多支付的数额）分别为 5.8065 元/斤、9.2403 元/斤和 15.8387 元/斤。最低支付意愿和最高支付意愿也随着增产潜力的提高明显提高。这说明，农户对更好种子尤其增产潜力明显提高种子的需求十分强烈，且愿意为得到这一更好种子多付费。

5）在普遍重视基本需求的前提下，不同细分市场有所显现。聚类分析结果说明，在样本总体注重种子质量、服务、品牌和价格的前提下，不同农户在购买种子时，分别体现出注重服务和质量、注重服务和品牌、注重价格和注重质量四种不同的价值取向。其中，注重服务和质量型、注重质量型占主体分别占样本总体的 36.46%、35.58%。这既说明种子市场的多样化需求已经产生，同时也说明种子市场整体上仍处于由传统向现代、由初级向成熟过渡的阶段。

6）被调查农民个人特征及其家庭经营规模影响农户对种子的价值判断和购种行为。相关分析、回归分析和单因素方差分析显示，被调查者年龄、性别、文化程度、家庭收入状况、耕地面积、油菜种植面积、油菜种植目的以及油菜种植方式等对农民对种子各种属性和其他营销刺激变量的重要性与满意度评价、农民对现有种子的重购意愿及推荐意愿、农民对不同价值要素的偏好以及农民对更好种子的支付意愿和数额均有不同程度的影响。其中，家庭耕地面积和油菜种植面积越大，农户对相关因素的重视程度和敏感度也越高，这说明我国目前农业的小规模生产方式可能会弱化营销刺激变量对农户的刺激效果，一定范围内的降价不一定让农户认识到价格优势，同样，一定幅度内增产潜力性状的改善也不一定让农户认识到产量的明显提高。

8.2 讨论和建议

种子产业是一个相对特殊的产业。特殊性主要体现在两个方面：第一，相对于其他农业生产资料产业，它对农户和农业生产具有更为重要的意义。种子是农业科技水平的集中体现，种子质量的好坏直接决定农户的收成和农业产出的数量和质量，因此，从某种意义上讲，种子产业具有一定的外部性。第二，相对于工业生产资料产业和发达国家种子产业，中国种子市场需求具有特殊性，由于我国农业的小规模家庭生产方式，使得种子市场需求主体数量多，单个需求量小，需求分散，这些特点意味着种子市场的渠道成本、沟通成本和服务成本比较高。同时，农业生产特点决定技术服务有一定外部性，这与企业追求利润最大化存在一定矛盾。因此，针对目前种子市场存在的问题，寻求相应的对策和措施以更好地满足农户对种子价值的需求，既要从种子企业和产业内部考虑，也要从政府政策角度进行思考。

为此，提出如下建议。

1）种子企业和种子行业应将提高种子质量和服务水平作为当前和今后长时期内满足农户对种子的价值需求、提升价值创造能力、开拓价值创造空间的主要途径。为此，种子企业应加大研发力度，不断选育优良品种；加强对制种基地的控制和管理，保证制种质量，力争以优良的种子满足农户对种子质量的要求；尽快建立农技服务网络，及时解决农户种植过程中出现的问题，使种子的潜在优势转化为现实生产力。

2）针对农村社会网络特点和农户的习惯与偏好，选择切实有效的促销方式与手段，进行适度营销，避免过度营销增加企业费用和农户购买成本。可通过试验示范和科技培训增强农户对种子信息的信任度。同时，种子产业应加快品牌建设力度，培养农民的品牌意识，力争产生一批知名度高、美誉度高，在农民中有广泛影响的著名品牌，增强品牌在农户购买决策中的影响力，降低因为信息不对称给农户带来的风险。

3）构建合理利益分配机制，保证种子产业链各主体利益回报与其价值创造大小相匹配。鉴于种子价值构成中，质量占种子总价值的 85% 以上，种子质量高低主要取决于品种选育者和种子生产者，按照价值创造与利益获取相互匹配原则，承担种子质量价值活动的主体在产业链中的价值获取份额应与其对价值创造的贡献基本一致，因此种子产业链应通过构建合理利益分配的机制，调整与完善现有分配格局，保证育种者、开发商和制种农户的利益回报，使之有足够的资金和动力投入到良种选育和开发等价值创造活动中。

4）制定相关政策引导种子产业的适度集中，促进产业链健康运转。当前，我国种子企业数量多，规模小，智力积累和资本积累处于起步阶段，绝大多数企业品种选育开发能力弱。同时，拥有较多育种资源的科研院所选育的优良品种市场开发与转化的路径和平台尚在不断开拓与搭建中，导致种子质量的提高存在一定障碍。因此，政府部门应制定产业政策引导种子产业的适度集中，形成一批有自主开发能力的大型种业集团。同时，进一步完善与落实科研院所育种成果走向市场的激励政策与措施，促进种子产业链各环节的有效连接，提升我国种子产业的整体价值创造能力和竞争力。

5）建立政府、企业和其他民间机构共同参与的种子信息服务和技术服务网络，满足农户对技术服务和信息服务的需求。赚取利润是企业的根本目标。当市场法规不完善和经营者自我约束不强时，出于机会主义的考虑，经营者在进行促销宣传时，不可避免的会出现夸大种子功能的行为倾向，导致农户不一定能获取真实的种子信息。同时，我国农业生产的小规模高度分散的特点，决定了构建服务网络的投资大，运行成本高，加之农业技术服务存在一定的外部性，因此，大多数种子企业无实力也不愿意建立覆盖整个销售区域的技术服务网络，导致农户对技术服务的需求不能得到满足。所以，政府管理部门一方面要加强立法建设和执法管理，提高经营者违法行为和欺骗行为的机会成本与风险。另一方面要加强种业信息网络和农业技术服务网络的建设，通过构建政府、企业和民间机构共同参与的种子信息服务和技术服务网络，为各种子市场主体提供客观、真实的市场信息，为农户提供及时的技术服务。

参考文献

A. 恰亚诺夫. 1996. 社会农学的基本思想与工作方法. 北京：中央编译局.

蔡益金. 2007. 全球蔬菜种子市场的趋势机会策略. 北京农业, (26)：18 – 19.

蔡银莺. 2007. 农地生态与农地价值关系——湖北省不同类型地区的实证研究. 武汉：华中农业大学.

曹辉, 兰思仁. 2002. 条件价值法在森林景观资产评估中的应用. 世界林业研究, (3)：32 – 36.

陈琳, 欧阳志云, 王效科等. 2006. 条件价值评估法在非市场价值评估中的应用. 生态学报, (2)：610 – 619.

迟晓英, 宣国良. 2000. 价值链研究发展综述. 外国经济与管理, (1)：25 – 30.

崔丽娟, 张曼胤. 2006. 扎龙湿地非使用价值评价研究. 林业科学研究, 19 (4)：491 – 469.

大卫·波维特, 约瑟夫·玛撒, R·柯克·克雷默. 2001. 价值网：打破供应链挖掘隐利益. 北京：北京人民邮电出版社.

大卫·李嘉图. 1962. 政治经济学及赋税原理. 北京：商务印书馆出版.

董大海. 2003. 基于顾客价值构建竞争优势的理论与方法研究. 大连：大连理工大学.

董大海, 权小妍, 曲晓飞. 1999. 顾客价值及其构成. 大连理工大学学报, (12)：11 – 15.

杜青林. 2004. 建设新型种业体系 推动我国农业上新台阶. 中国农技推广, (1)：1 – 4.

菲利普·科特勒. 1999. 市场营销管理. 梅清豪译. 北京：中国人民大学出版社.

菲利普·科特勒. 2003. 营销管理. 梅清豪泽. 上海：上海人民出版社.

冯培煜, 宋瑞连, 王春华. 2006. 商本种子的十大特点. 种子世界, (6)：5.

冯尚友. 2000. 水资源持续利用与管理导论. 北京：北京科学出版社.

高鸿业等. 2004. 西方经济学. 北京：中国人民大学出版社.

高智晟. 2005. 野生动物价值评估与定价研究. 哈尔滨：东北林业大学.

弓丽英. 2001. 农户购种情况分析与经营对策. 种子, (6)：45 – 47.

顾克军, 杨四军, 李智盛等. 2007. 基于顾客价值的种子产品市场竞争力提升途径. 种子世界, (10)：13 – 15.

郭杰. 2002. 浅析种子用户购种行为的影响因素. 农业装备技术, (3)：12 – 14.

韩军辉, 李艳军. 2005. 农户获知种子信息主渠道以及采用行为分析——以湖北省谷城县为例. 农业技术经济, (1)：31 – 35.

胡瑞法. 1998. 粮食作物常规种子更换模型及其应用. 农业技术经济, (3)：33 – 36, 45.

湖北农业地理编写组.1980.湖北农业地理.武汉:湖北人民出版社.

黄宗智.1986.华北的小农经济与社会变迁.北京:中华书局.

黄钢,徐玖平.2007.农业科技价值链系统创新论.北京:中国农业科学技术出版社.

江覃德.2005.世界种业发展趋势与我国种业发展对策(上).种子科技,(3):125-128.

姜文来.1998.水资源价值论.北京:科学出版社.

康国光,李艳军,孙剑.2003.种子营销售渠道影响因素及构建策略.农业经济,(2):40-42.

雷长群.2003.浅析供应链、价值链理论的发展与价值型企业的特征.中国人口·资源与环境,
　　(3):111-114.

李达模,罗志强等.2001.江汉平原四湖地区持续高效农业发展探索.农业现代化研究,(2):
　　71-75.

李恩普,闫祥生.2005.中国种子企业与产业发展.中国种业,(1):5-6.

李艳军,李崇光.2004.对我国种子市场实施价格管制的经济学分析.中国农村经济,
　　(9):31-37.

李阳生,朱英国.2010.整合我国种业资源,确保国家种业安全.首届中国(博鳌)农业科技
　　创新论坛交流材料.

李垣,刘益.2001.基于价值创造的价值网络管理(I):特点与形成.管理工程学报,15(4):
　　38-41.

林立伟.2003.应用特征价格法评估台湾都镇区空气品质改善之效益.台北:"国立台湾大学
　　资源管理研究所".

刘锐.2008.对玉米种子经销商和种植户购种行为心理分析.中国种业,(2):34-35.

刘卫东.1991.江汉平原土地—粮食—人口系统分析与优化策略.北京:中国科学院地理研究
　　所.

刘雅莉.2002.特征价格理论之应用——澳洲葡萄酒之分析.台湾:"国家图书馆".

刘元宝,张秀宽,宋秀绵等.2001.农户购买种子行为探析.安徽农业大学学报(社会科学
　　版),(3):38-40.

鲁友章,李宗正.2000.经济学说史.北京:人民出版社.

马克思.1975.资本论(第1~3卷).北京:人民出版社.

迈克尔·波特.1997.竞争优势.陈悦译.北京:华夏出版社.

蒙秀锋,饶静,叶敬忠.2005.农户选择农作物新品种的决策因素研究.农业技术经济,(1):
　　20-26.

乔荣锋,高进云,张安录.2006.山地丘陵地区农地资源价值评估——以湖北省宜昌市为例.资
　　源科学,(6):97-103.

世界种子数据.世界种子联盟数据库.http://www.worldseed.org.

宋圭武.2002.农户行为研究若干问题述评.农业技术经济,(4):59-64.

宋洪远.1994.经济体制与农户行为——一个理论分析框架及其对中国农户问题的应用研究.
　　经济研究,(8):22-28,35.

孙祥,陈毅文.2005.消费行为研究中的联合分析法.心理科学进展,13(1):97-106.

谭向勇,武拉平,谭林等.2007.中国主要农业生产资料市场分析.北京:中国农业出版社.

佟屏亚.2002.跨国种业公司全球化新战略.中国种业,(2):11-13.

佟屏亚，李进秋．2007．中国种业发展的形式与成就——写在《中华人民共和国种子法》实施 6 周年农业科技通讯，（2）：7-8．

佟屏亚．2007．中国种子产业形势及发展趋势．调研世界，（2）：18-21．

王瑞雪．2005．耕地非市场价值评估理论方法与实践．武汉：华中农业大学．

威廉·配第．1978．赋税论．陈东野等译．北京：商务印书馆．

魏秀芬．2005．我国种子市场需求的特征和影响因素分析．中国种业，（2）：17-19．

吴国华，潘德惠．2005．顾客购买行为影响因素分析及重购概率的预测．管理工程学报，（1）：104-107．

西奥多·W. 舒尔茨．1999．改造传统农业．梁小民译．北京：商务印书馆．

徐同道，吴冲．2008．农户资源禀赋对优质小麦新品种选择影响之实证分析——以江苏丰县为例．中国农学通报，（1）：224-228．

徐中民，苏志勇．2002．额济纳旗生态系统恢复的总经济价值评估．地理学报，57（1）：107-116．

薛达元．2000．长白山自然保护区生物多样性非使用价值评估．中国环境科学，（2）：15-17．

亚当·斯密．1981．国民财富的性质和原因的研究．北京：商务印书馆．

杨龙，王永贵．2002．顾客价值及其驱动因素剖析．管理世界，（6）：146-147．

杨颖．2003．联合分析在营销调研应用中的研究．大连：东北财经大学．

曾松亭．2006．中国种子企业竞争力研究．北京：中国农业科学院．

查金祥，王立生．2006．网络购物顾客满意度影响因素的实证研究．管理科学，（1）：50-58．

张丽娟，李艳军．2007．农户重复购种行为的影响因素分析——对湖北荆州油菜种植农户的调查研究．中国种业，（4）：34-36．

张明立．2007．顾客价值：21 世纪企业竞争优势的来源．北京：电子工业出版社．

张润清．2005．江汉平原农产品加工业发展战略研究．武汉：华中农业大学．

张向召，李旭辉，王海洋．2009．种子产品不同生命周期营销策略分析．中国种业，（5）：9-10．

张志强，徐中民，程国栋等．2002．黑河流域张掖地区生态系统服务恢复的条件价值评估．生态学报，22（6）：885-893．

张忠民．2009．中国种子产品竞争力分析．农技服务，（6）：150．

赵玉山，王华记．2001．农户购种行为分析．种子，（1）：79-80．

郑渝．2002．中国种业的基本特征．http：www.agrisd.gov.cn［2008-11-15］．

周骅．2010．中国种业应如何应对跨国公司的挑战．首届中国（博鳌）农业科技创新论坛交流材料．

祝延立，韩喜国，杨光等．2007．农民采用新品种的影响因素分析．中国种业，（12）：31，32．

Adrian J S, Morrison D J, Andelman B. 2002. The profit zone：how strategic business design will lead you to tomorrow's profits. New York：Three Rivers Press.

Anderson D A, Wiley J B. 1992. Efficient choice set designs for estimating cross-effects models. Marketing Letters，（3）：357-370.

Anderson J C, Narus J A. 1998. Business marketing：understand what customers value. Harvard Business Review，76（6）：53-65.

Becker G S. 1965. A theory of the allocation of time. The Economic Journal, 75 (299): 493–517.

Bennett P D. 1988. Marketing. Columbus : McGraw-Hill Book Company.

Boahene K, Snijders T A B, Folmer H. 1999. An integrated socioeconomic analysis of innovation adoption: the case of hybrid cocoa in Ghana. Journal of Policy Modeling, 21(2): 167–184.

Buch C M. 1994. Dealing with bad debt-lessons from eastern europe. Kiel : Working Paper No. 642.

Burer S, Jones PC, Lowe TJ. 2008. Coordinating the supply Chain in the agricultural seed industry. European Journal Of Operational Research, 185 (1): 354–377.

Butz H E, Goodstein L D. 1996. Measuring customer value: gaining the strategic advantage. Organizational Dynamics, (24): 63–77.

Cameron T A. 2003. Evolution of hedonic property value models for the valuation of environmental goods. http: //www. sscnet. ucla. edu/ssc/labs/cameron/nrs98/ index. Html [2003-11-15].

Court. 1939. Hedonic price indexes with automotive examples, in the dynamics of automobile demand. New York: General Motors.

Cronin J J, Brady M K, Hult GTM. 2000. Assessing the effects of quality, value, and customer satisfaction on consumer behavioral intentions in service environments. Journal of Retailing, (76): 193–218.

Cummings A, Oldham G R. 1996. Employee creativity: personal and contextual factors at work. Academy of Management Journal, (39): 607–634.

Davis R K. 1963. Recreation planning as an economic problem. Natural Resources Journal , (3): 239–249.

Espinosa J A, Goodwin B K. 1991. Hedonic price estimation for kansas wheat characteristics. Western Journal of Agricultural Economics, (16): 72–85.

Feder G. 1982. Adoption of interrelated agricultural innovations: complementarity and credit. Amer J Agr Econ. (64): 94–101.

Feder G, 1980. Farm size, risk aversion and the adoption of new technology under certainty. Oxford Econ Pap, (32): 263–283.

Fernandez-Cornejo J. 2004. The seed industry in U. S. Agriculture: an exploration of data and information on crop seed markets, regulation, industry structure, and research and development. resource economics division, economic research service, U. S. Department of Agriculture. Agriculture Information Bulletin Number 786.

Flint D J, Woodniff R B, Gardial S F . 1997. Customer value change in industrial marketing relationships : a call for new strategies and research. Industrial Marketing Management, (26): 163–175.

Gadwal V R. 2003. The India seed industry: its history, current status and future. Current Science, 84 (3): 399–406.

Gafsi S, Roe T. 1979. Adoption of unlike high-yielding wheat varieties in Tunisia. Econ Develop and Cultural Change, (28): 119–133.

Gale B T, Wood R C. 1994. Managing customer value: creating quality and service that customer can see. Florence : Free Press.

Green P E, Carmone F J, Wind Y. 1972. Subjective evaluation models and conjoint measurement. Behavioral Science, (17): 288-299.

Green P E, Rao V R. 1971. Conjoint measurement for quantifying judgment data. Journal of Marketing Research, (8): 355-363.

Green P E, Srinivasan V. 1978. Conjoint analysis in consumer research: issues and outlook. Journal of Consumer Research, (5): 103-123.

Green P, Wind J. 1975. New way to measure consumers' judgments. Harvard Business Rev, (4): 107-117.

Griliches Z. 1957. Hybird corn: an exploration in the economics of technological change. Econometrica, (25): 501-502.

Heisey P W, Brennan J P. 1991. An analytical model of farmers' demand for replacement seed amer J Agr Econ, (73): 1044-1052.

Herath H M G, Hardaker J B, Anderson J R. 1982. Choice of varieties by sri lanka rice farmers: comparing alternative decision models. Amer J Agr Econ, (64): 87-93.

Hicks J R. 1946. Value and Capital. Oxford: Clarendon. Press.

Higgins K T. 1999. The Value of customer value analysis. Marketing Research, (10): 97 - 100.

Hines P, Rich N, Bicheno J et al. 1998. Value steam management. The International Journal of Logistic Management, 9 (1): 25-42.

Holbrook M B. 1996. Customer value: a framework for analysis and research. Advance in Consumers Research, (23): 138-142.

Houthakker H S. 1952. Compensated changes in quantities and qualities consumed. Review of Economic Studies, 19 (3): 155-164.

Jakson B B. 1985. Build customer relationship that last. Harvard Business Review, (11, 12): 120-128.

Jeffery F R, Sviokla J J. 1995. Exploiting the virtual value chain. Harvard Business Review, (9-12): 75-99.

Johnson, R M, Olberts K A. 1991. Using conjoint analysis in pricing studies: is one price variable enough. American Marketing Association Advanced Research Technique Forum Conference Proceedings, 164-173.

Johnson R M. 1974. Trade-off analysis of consumer values. Journal of Marketing Research, (11): 121-217.

Kuhfeld W F, Tobias R D, Garratt M. 1994. Efficient experimental design with marketing research applications. Journal of Marketing Research, 31 (4): 545-557.

Ladd G W, Suvannunt, V. 1976. A model of consumer goods characteristics. American Journal of Agricultural Economics, 58 (3): 504-511.

Lancaster K J. 1966. A new approach to consumer theory. The Journal of Political Economy, 74 (2): 132-157.

Lancaster K J. 1971. Consumer demand: a new approach. New York : Columbia University Press.

Lapierre J, Filliatrault P, Chebat J C. 1999. Value strategy rather than quality strategy: a case of business-to-business professional services. Journal of Business, 45 (2): 235–246.

Lazari A G, Anderson D A. 1994. Designs of discrete choice set experiments for estimating both attribute and availability cross effects. Journal of Marketing Research, (31): 375–383.

Levitt Theodore. 1980. Marketing success through differentiation of anything. Harvard Business Review, (1): 83–92.

Majaro Simon. 1993. The essence of marketing. New Jersey: Prentice Hall International.

McConnell K E, Strand I E. 2000. Hedonic prices for fish: tuna prices in Hawaii. American Journal of Agriculture Economy. (82): 133–144.

Mitchell D C, Carson R T. 1989. Using surveys to value public goods: the contingent valuation method. Washington: Resources for the Future.

Morris B H. 1996. Customer value: a framework for analysis and research. Advance in Consumers Research, (23): 138–142.

Morris B H . 1999. Customer value: a framework for analysis and research. New Youk: Routledge.

Morris T. 1994. Customer Relationship Management. CMA Hamilton.

Nowshirvani V F. 1971. A modified adapptive expectations model. American Journal of Agricultural Economics, 53 (1): 116–119.

Oh H. 1999. Service quality, customer satisfaction, and customer value: a holistic perspective. International Journal of Hospitality Management, (18): 67–82.

Parasuraman A. 1997. Reflection on gaining competitive advantage through customer value. Journal of the Academy of Marketing Science, 25 (2): 154–161.

Parker D D, Zilberman D. 1993. Hedonic estimation of quality factors affecting the farm-retail margin. American Journal of Agricultural Economics, 75 (2): 458–466.

Peter Hines. 1998. Value steam management. The International Journal of Logistic Management, 9 (1): 25–42.

Randall A, Hoehn J P, Brookshire D S. 1983. Contingent valuation surveys for evaluating environmental assets. Natural Resources, 23 (6): 35–48.

Randall A, Stoll J R. 1980. Consumer's surplus in commodity space. The American Economic Review, (70): 449–455.

Ratchford B T. 1975. The new economic theory of consumer behavior an interpretive essay. Journal of Consumer Research, (2): 65–78.

Ravald A, Gronroos C. 1996. The value concept and relationship marketing. European Journal of Marketing, (30): 19–30.

Rayport J F, Sviokla J J. 1995. Exploiting the virtual value chain . Harvard Business Review, (9, 10): 75–99.

Rosen S. 1974. Hedonic prices and implicit markets: product differentiation in pure competition. Journal of Political Economy, 82 (1): 22, 34.

Samikwa D D, Brorsen B W, Sanders L D. 1998. Hedonic prices of malawi burley tobacco. International Food and Agribusiness Management Review, 1 (1): 107–117.

Sheth Jagdish N, Bmce I N, Barbara I G. 1991. Consumption values and market choice: theory and applications. Cincinnati: Snuthwestem Publishing.

Simpson P M, Siguaw J A, Baker T L. 2001. A model of value creation: supplier behaviors and their impact on reseller-perceived value. Industrial Marketing Management, (30): 119–134.

Sinha I , Desarbo W S. 1998. An integrated approach toward the spatial modeling of perceived customer value. Journal of Marketing Research, (5): 236–249.

Srinivasan V, Shocker A D. 1973. Linear programming techniques for multidimensional analysis of preferences. Psychometrika, 38 (9): 337–369.

Teoman Duman. 2002. A model of perceived value for leisure travel products. The Pennsylvania State university.

Thompson H. 2000. The customer – centered enterprise. New York: Mcgraw-Hill Inc.

Treacy M , Wiersema F. 1993. Customer intimacy and other value disciplines. Harvard Business Review, (1, 2): 84–93.

Tronstad Russell, Huthoefer Lori Stephens, Monke Eric. 1992. Market windows and hedonic price analyses: an application to the apple insdustry. Journal of Agricultural and Resource Economics, 17 (2): 314–322.

Vantrappen Herman. 1992. Creating customer value by streaming business process. Long Range Planning, (25): 59.

Waugh F V. 1928. Quality factors influencing vegetable prices. Journal Of Farm Economics. 1928 (10): 185–196.

Wilkie William L, Edgar A. 1973. Pessemier, issues in marketing's use of multi-attribute attitude models. Journal of Marketing Research, 10 (11): 428–441.

Woodruff R B. 1997. Customer value: The next source for competitive advantage. Journal of the Academy of Marketing Science, (25): 139–153.

Zeithaml V A, Berry L L, Parasuraman A. 1996. The behavioral consequences of service quality. Journal of Marketing, (60): 31–46.

Zeithaml V A. 1988. Consumer perceptions of price, quality and value: a mean-end model and synthesis of evidence. Journal of Marketing, 52 (7): 2–22.

参
考
文
献

油菜主产区
油菜籽价值的实证分析
——基于长江中游中

表 4-3　因素重要性之间的零序相关矩阵

项目（重要程度）	产量（重要程度）	发芽率	出油率	生育期	抗性	品牌信誉	是否"双低"	信息服务	技术服务	购买方便	价格	包装
产量（重要程度）	1											
发芽率	0.179**	1										
出油率	0.115	0.335**	1									
生育期	0.063	0.321**	0.111	1								
抗性	0.293**	0.141*	0.070	-0.144*	1							
品牌信誉	0.117*	0.238**	0.029	0.294**	0.048	1						
是否"双低"	-0.055	0.152*	0.258**	0.226*	-0.166*	0.260**	1					
信息服务	0.310**	0.330**	0.440**	0.241**	0.043	0.278**	0.285**	1				
技术服务	0.291**	0.144*	0.378**	0.054	0.089	0.198*	0.119	0.495**	1			
购买方便	0.271**	0.215**	0.413**	0.126*	-0.096	0.087	0.191**	0.513**	0.433**	1		
价格	-0.067	0.198**	0.379**	0.030	-0.023	-0.174*	0.062	0.206*	0.128*	0.266**	1	
包装	0.226**	0.249**	0.384**	0.180*	-0.029	0.204**	0.191**	0.564**	0.275**	0.526**	0.280**	1

* 表示 $P < 0.05$（$|T| > 1.96$，则在 0.05 的显著性水平上显著）；** 表示 $P < 0.01$（$|T| > 2.58$，则在 0.01 的显著性水平上显著）

2 湖北省审定油菜品种一览表

品种名称	审定编号	适宜区域
大地 55	鄂审油 2008005	适宜湖北省两熟和三熟制地区种植
华油杂 15	鄂审油 2006003	适宜湖北省油菜主产区种植
富油 668	鄂审油 2006004	适宜湖北省油菜主产区种植
油 201	鄂审油 2006005	适宜湖北省油菜主产区种植
中油杂 12	鄂审油 2005003	适于湖北省两熟和三熟制地区种植
华油杂 12	鄂审油 2005004	适于湖北省两熟和三熟制地区种植
中油杂 11	鄂审油 2004003	适宜湖北省两熟和三熟制地区种植
中双 10 号	鄂审油 001-2003	适宜湖北省两熟和三熟制地区种植
中油杂 8 号	鄂审油 002-2003	适宜湖北省两熟和三熟制地区种植
中油杂 7 号	鄂审油 003-2003	适宜湖北省两熟和三熟制地区种植
华油杂 8 号	鄂审油 004-2003	适宜湖北省两熟和三熟制地区种植
华油杂 9 号	鄂审油 005-2003	适宜湖北省两熟和三熟制地区种植
华油杂 6 号	鄂审油 002-2002	适宜湖北省两熟和三熟制地区种植
中油杂 4 号	鄂审油 003-2002	适宜湖北省两熟和三熟制地区种植
中双 9 号	鄂审油 004-2002	适宜湖北省两熟和三熟制地区种植
华油杂 5 号	鄂审油 005-2002	适宜湖北省两熟和三熟制地区种植
中油杂 2 号	鄂审油 002-2000	适宜湖北省两熟和三熟制地区种植
中双 6 号	鄂审油 003-2000	适宜湖北省两熟和三熟制地区，尤其是三熟制地区种植
中双 7 号	鄂审油 004-2000	适宜湖北省两熟和三熟制地区种植
中油杂 1 号	鄂审油 001-1999	适宜湖北省两熟和三熟制地区种植
恩油 4 号	恩施土家族苗族自治州 1999 年审定	适宜湖北省恩施土家族苗族自治州海拔 1300m 以下地区种植
华油杂 4 号	鄂审油 001-1998	适宜湖北省两熟和三熟制地区种植
华双 3 号	鄂审油 002-1998	适宜湖北省两熟和三熟制地区种植

资料来源：湖北省农业厅种子管理站

3 湖北省 2007 年和 2008 年油菜主要品种推广面积
（单位：万亩）

油菜品种	2007 年	2008 年	油菜品种	2007 年	2008 年
中双 9 号	175	270	中油 6306		14
中油杂 2 号	150	210	中油 98D		14
华油杂 6 号	140	190	华油杂 13 号		13
中双 10 号	102.4	145	广源 58		11
中油杂 11	71	120	华油杂 4 号	11.5	10
华油杂 9 号	80	116	德油 8 号	12	8
中油杂 12	65	90	华双 3 号	9.2	8
华油杂 12	40	84	华油杂 7 号	8	7
华双 4 号	24	65	中油杂 6 号	9.1	6
中油杂 4 号	44.3	47	华油杂 14 号	8.4	6
中油杂 8 号	43	47	中双 4 号	25.5	5
中双 7 号	50	35	华油杂 15	4.1	4
丰油 701	72	33	中油杂 1 号	5.7	3
蓉油 10 号	53.9	27	华油杂 5 号	8.5	3
中双 8 号	29.6	26	华油杂 3 号	3.5	2
华油杂 8 号	22	26	中油杂 3 号	4.2	2
中双 6 号	25.1	23	湘油 15	3.2	
中油杂 10 号	10	22	油研 10 号	2.1	
中油杂 9 号	8.2	21	秦油 7 号	2	
富油 668	6.5	18	德油 5 号	1	
华双 5 号	22.8	17	绵油 11 号	0.4	
中油杂 7 号	12.6	15	其他品种	180	
绵油 12 号	54.4	15	合 计	1600.2	1778

资料来源：湖北省农业厅种子管理站

油菜种子价值研究——基于长江中游油菜主产区的实证分析

4 关于农户使用油菜种子的问卷调查

农民朋友：

大家好！我们是华中农业大学农业经济与农情调查小组成员，为更好地了解农户使用种子、购买种子的要求等，我们特设计了此问卷，希望得到大家的支持。对于您所提供的个人资料，我们将严格保密。谢谢合作！

华中农业大学农业经济与农情调查小组

一、基本情况

1. 性别：A. 男　　B. 女　　年龄：＿＿＿
   文化程度：A. 未上过学　B. 小学　C. 初中　D. 高中或中专　E. 大专及以上
   家庭住址：＿＿＿＿省（市）＿＿＿＿县（市）＿＿＿＿乡（镇）＿＿＿＿（村）

2. 您家的耕地面积有：＿＿＿＿亩（标准亩，即每亩 666.7 m^2）
   您家的油菜种植面积约有：＿＿＿＿亩（标准亩，即每亩 666.7 m^2）

3. 您家的油菜种植方式是：＿＿＿＿A. 全部移栽　B. 全部直播　C. 二者都有

4. 您种植油菜主要是：＿＿＿＿A. 出售为主　B. 自用为主

5. 您一般在播种油菜前多长时间去购种？
   A. 1~5 天　　B. 6~10 天　　C. 11~15 天　　D. 超过 15 天

6. 油菜种植收入占家庭总收入的比例：＿＿＿＿

二、购买行为

7. 您近几年种植最多的油菜种子品种是（只能填一个或一类）＿＿＿＿，种植年数＿＿＿＿。
   （1）该种子的产量与您所知道的其他种子的产量相比：
   1（很低）　　2（低）　　3（相当）　　4（高）　　5（很高）
   （2）该种子的发芽率与其他种子相比：
   1（很低）　　2（低）　　3（相当）　　4（高）　　5（很高）
   （3）该种子的出油率与其他种子相比：
   1（很低）　　2（低）　　3（相当）　　4（高）　　5（很高）
   （4）该种子的生育期（播种到收获的时间长短）与其他种子相比：
   1（很低）　　2（低）　　3（相当）　　4（高）　　5（很高）
   （5）该种子的抗性与其他种子相比：
   1（很低）　　2（低）　　3（相当）　　4（高）　　5（很高）

（6）当您去商店购买种子时，面对众多的种子品种，您总能很快认出您现在使用的那个品种：

1（极不同意）2（不同意）3（没感觉）　4（同意）　5（很同意）

（7）通过该种子的包装，您总能了解到您想要的信息。

1（极不同意）2（不同意）3（没感觉）　4（同意）　5（很同意）

（8）当您下次购种时，总能马上想起现正在使用的这个品种。

1（极不同意）2（不同意）3（没感觉）　4（同意）　5（很同意）

（9）与同类品种比，您觉得您所使用品种的价格：

1（很低）　　　2（低）　　　3（相当）　　　4（高）　　　5（很高）

（10）在相近的质量下，您觉得您所使用品种的价格：

1（很低）　　　2（低）　　　3（相当）　　　4（高）　　　5（很高）

（11）卖种者对您的建议和投诉都给予接受和处理。

1（极不同意）2（不同意）3（没感觉）　4（同意）　5（很同意）

（12）买种时，卖种者积极向您提示种植应注意的问题（施肥、防病虫害等）。

1（极不同意）2（不同意）3（没感觉）　4（同意）　5（很同意）

（13）种植过程中出现的问题总能得到及时的解决。

1（极不同意）2（不同意）3（没感觉）　4（同意）　5（很同意）

（14）您总能很方便地购买到所需的种子。

1（极不同意）2（不同意）3（没感觉）　4（同意）　5（很同意）

（15）整体而言，该品种种子各方面都比较符合使用前您的期望。

1（极不同意）2（不同意）3（没感觉）　4（同意）　5（很同意）

8. 您还会继续购买这个品种。

　－2（极不同意）　－1（不同意）　0（没感觉）　1（同意）　2（很同意）

9. 您会向亲人、朋友或邻居等推荐该品种。

　1（极不同意）　　　2（不同意）　　　3（没感觉）　4（同意）　5（很同意）

10. 当您购买种子时，您认为下列因素重要吗？请按照重要程度对下列因素评分：

（1）产量

1（很不重要）　　　2（不重要）　　　3（一般）　　　4（重要）　　　5（很重要）

（2）发芽率

1（很不重要）　　　2（不重要）　　　3（一般）　　　4（重要）　　　5（很重要）

（3）出油率

1（很不重要）　　　2（不重要）　　　3（一般）　　　4（重要）　　　5（很重要）

（4）生育期

1（很不重要）　　　2（不重要）　　　3（一般）　　　4（重要）　　　5（很重要）

（5）抗性

1（很不重要） 2（不重要） 3（一般） 4（重要） 5（很重要）

（6）品牌信誉

1（很不重要） 2（不重要） 3（一般） 4（重要） 5（很重要）

（7）是否"双低"

1（很不重要） 2（不重要） 3（一般） 4（重要） 5（很重要）

（8）信息服务

1（很不重要） 2（不重要） 3（一般） 4（重要） 5（很重要）

（9）技术报务

1（很不重要） 2（不重要） 3（一般） 4（重要） 5（很重要）

（10）购买方便（时间、空间）

1（很不重要） 2（不重要） 3（一般） 4（重要） 5（很重要）

（11）价格

1（很不重要） 2（不重要） 3（一般） 4（重要） 5（很重要）

（12）包装

1（很不重要） 2（不重要） 3（一般） 4（重要） 5（很重要）

（13）其他_____（请说明）

1（很不重要） 2（不重要） 3（一般） 4（重要） 5（很重要）

11. 请您对目前油菜种子市场上以下因素的满意程度进行评分

项　目	1（很不满意）	2（不满意）	3（一般）	4（比较满意）	5（很满意）
产　量					
发芽率					
出油率					
生育期					
抗　性					
品牌信誉					
价　格					
是否"双低"					
信息服务					
技术报务					
购买方便（时间、空间）					
包　装					
其　他					

12. 如果愿意，您主要愿意为哪些项目满意度的提高多付钱？

（1）产量

1（很不愿意）2（不愿意）　　　3（一般）　　　4（愿意）　　　5（很愿意）

（2）发芽率

1（很不愿意）2（不愿意）　　　3（一般）　　　4（愿意）　　　5（很愿意）

（3）出油率

1（很不愿意）2（不愿意）　　　3（一般）　　　4（愿意）　　　5（很愿意）

（4）生育期

1（很不愿意）2（不愿意）　　　3（一般）　　　4（愿意）　　　5（很愿意）

（5）抗性

1（很不愿意）2（不愿意）　　　3（一般）　　　4（愿意）　　　5（很愿意）

（6）品牌信誉

1（很不愿意）2（不愿意）　　　3（一般）　　　4（愿意）　　　5（很愿意）

（7）是否"双低"

1（很不愿意）2（不愿意）　　　3（一般）　　　4（愿意）　　　5（很愿意）

（8）信息服务

1（很不愿意）2（不愿意）　　　3（一般）　　　4（愿意）　　　5（很愿意）

（9）技术服务

1（很不愿意）2（不愿意）　　　3（一般）　　　4（愿意）　　　5（很愿意）

（10）购买方便（时间、空间）

1（很不愿意）2（不愿意）　　　3（一般）　　　4（愿意）　　　5（很愿意）

（11）包装

1（很不愿意）2（不愿意）　　　3（一般）　　　4（愿意）　　　5（很愿意）

（12）其他＿＿＿＿＿＿＿＿＿（请说明）

1（很不愿意）2（不愿意）　　　3（一般）　　　4（愿意）　　　5（很愿意）

5 农户购种行为调查问卷

亲爱的农民朋友：

你们好，我们是华中农业大学经济管理学院研究生。为了了解各油菜品种的种植表现及农民朋友对市场上现有种子满意程度等具体情况，我们特组织了这次调查。请根据自己的实际情况，回答下列问题。谢谢合作！

一、基本信息

1. 个人特征。

   家庭住址：　　　　　　　　　　联系电话：

   性别：　　　　　　　　　　　　年龄：

   文化程度：A. 未上过学　B. 小学　C. 初中　D. 高中　E. 大专及以上

   您家庭的人口（　　　）。其中，从事农业的人口（　　　）。

2. 种植油菜情况。

   耕地面积：　　　　标准亩　　　油菜种植面积：　　　　标准亩

   种植方式：A. 主要移栽　B. 主要直播

   种植目的：A. 出售为主　B. 自用为主

   家庭总收入：

   估计油菜种植收入占多大比例：

二、价格构成及满意度情况

3. 请列举出您知道的油菜品种名称：

4. 请按您在购买油菜种子时考虑程度的多少，在相应的括号内画"√"：

	多	少	说不清楚
价格	（　）	（　）	（　　）
产量	（　）	（　）	（　　）
品牌	（　）	（　）	（　　）
服务	（　）	（　）	（　　）

5. 假设现有 10 元，请您将其在以下种子价值因素中进行分配：

   质量（　）元，品牌（　）元，服务（　）元，宣传（广告等）（　）元。

6. 你目前种植较多的油菜品种：

   价格：　　　元/斤

7. 请对目前油菜种子市场上以下因素的满意度进行评价：

1（很满意）2（满意）3（一般）4（不满意）5（很不满意）6（没关注过）

产量	（　）	（　）	（　）	（　）	（　）	（　）
抗性	（　）	（　）	（　）	（　）	（　）	（　）
发芽率	（　）	（　）	（　）	（　）	（　）	（　）
出油率	（　）	（　）	（　）	（　）	（　）	（　）
生育期	（　）	（　）	（　）	（　）	（　）	（　）
信息服务	（　）	（　）	（　）	（　）	（　）	（　）
技术服务	（　）	（　）	（　）	（　）	（　）	（　）
购买方便	（　）	（　）	（　）	（　）	（　）	（　）
包装	（　）	（　）	（　）	（　）	（　）	（　）
价格	（　）	（　）	（　）	（　）	（　）	（　）
品牌信誉	（　）	（　）	（　）	（　）	（　）	（　）

8. 现假设有下列品种，请根据自己的偏好选择支付相应的价格（单位：元/斤）：

（1）第2种品牌的种子＊，标准亩亩产400斤以上，抗性强；销售网点没什么宣传，但在您购买种子后会提供防治病虫和水肥等田间管理的信息或服务：（　　　）

　　10，15，20，25，30，35，40，45，50

（2）第3种品牌的种子＊，标准亩亩产400斤以上，抗性强；销售网点有一定的宣传海报或横幅且在您购买种子后会提供防治病虫和水肥等田间管理的信息或服务：（　　　）

　　10，15，20，25，30，35，40，45，50

（3）第1种品牌的种子＊，标准亩亩产300～400斤，抗性一般；销售网点有一定的宣传海报或横幅，且在您购买种子后会提供防治病虫和水肥等田间管理的信息或服务：（　　　）

　　10，15，20，25，30，35，40，45，50

（4）第3种品牌的种子＊，标准亩亩产300～400斤，抗性一般；销售网点没什么宣传，且在销售出种子后没什么服务：（　　　）

　　10，15，20，25，30，35，40，45，50

（5）第2种品牌的种子＊，标准亩亩产300～400斤，抗性一般；除海报或横幅，销售网点在电视上做广告或有专门的宣传车下乡宣传，且在您购买种子后会提供防治病虫和水肥等田间管理的信息或服务：（　　　）

　　10，15，20，25，30，35，40，45，50

（6）第3种品牌的种子＊，标准亩亩产300斤以下，抗性较差；除海报或横幅，销售网点在电视上做广告或有专门的宣传车下乡宣传，且在您购买种子后会提供防治病虫和水肥等田间管理的信息或服务：（　　　）

10，15，20，25，30，35，40，45，50

（7）第1种品牌的种子*，标准亩亩产300斤以下，抗性较差；销售网点没什么宣传但在您购买种子后会提供防治病虫和水肥等田间管理的信息或服务：（　　）

10，15，20，25，30，35，40，45，50

（8）第1种品牌的种子*，标准亩亩产400斤以上，抗性强；除海报或横幅，销售网点在电视上做广告或有专门的宣传车下乡宣传，但销售出种子后没什么服务：（　　）

10，15，20，25，30，35，40，45，50

（9）第2种品牌的种子*，标准亩亩产300斤以下，抗性较差，销售网点有一定的宣传海报或横幅，但在销售出种子后没什么服务：（　　）

10，15，20，25，30，35，40，45，50

三、支付意愿调查部分

假设种子制造公司将推出一种新品种（代号为X），X品种在产量、抗性和生育期上比目前市场上的油菜品种表现都要好，且经营X品种的经销商，能在您购买该品种后，提供相应的免费技术服务。这些服务将有效地提高油菜种植的产量，最终增加您的收入。

9. 假如你可以用一定的价格购买到上述的产品和服务，那么你愿意为获得这些好处而多支付吗？注意您的支付会减弱您对别的物品的购买能力，您可以在市场情况不好的情况下选择离场。

A. 愿意　　　B. 不愿意（跳过第10题）　　　C. 说不清楚（跳过第10题）

10. 假设这一新品种最终能提高油菜产量的10%，您愿意多支付（　　）元/斤；若提高油菜产量的20%，您愿意多支付（　　）元/斤；若提高50%时，您愿意多支付（　　）元/斤。